스페셜 스도쿠 초급

스페셜 스도쿠 초급

SPECIAL SUDOKU

편저 퍼즐아카데미연구회

매일출판사

SPECIAL SUDOKU

스도쿠 풀이 방법

세계적으로 인기 있는 퍼즐 스도쿠의 세계에 오신 걸 환영합니다. 이 책은 스도쿠를 처음 접하는 사람이라도 끝까지 풀 수 있도록 쉬운 레벨의 문제만 모았습니다. 스도쿠에는 아주 어려운 문제도 있지만 이 책에서는 편안히 즐길 수가 있습니다.

하지만 스도쿠를 풀기 위해서는 약간의 요령이 필요합니다. 퍼즐을 푸는 방법은 아래와 같습니다. 처음 스도쿠를 접하시는 분은 꼭 읽어보시고 요령을 이해해 주시기 바랍니다.

● 풀이 방법

1. 빈 칸에 1부터 9까지의 숫자 중 하나를 넣습니다.
2. 가로 열(아홉 칸이 있습니다.) 세로 열(아홉 칸이 있습니다.) 굵은 선으로 둘러싸인 3×3의 블록(각각 아홉 칸인 블록이 아홉 개씩 있습니다.)의 모든 칸에 1부터 9까지의 숫자가 하나씩 들어갑니다.

가로 열은 아홉 칸 있는 열이 아홉 개 있습니다. 모든 가로 열에 1~9까지의 숫자가 하나씩 들어가도록 칸을 채웁니다.

세로 열도 아홉 칸 있는 열이 아홉 개 있습니다. 모든 세로 열에 1~9까지의 숫자가 하나씩 들어가도록 칸을 채웁니다.

굵은 선으로 나눠진 3×3의 블록에도, 아홉 칸 있는 블록이 아홉 개 있습니다. 모든 블록에도 1~9의 숫자가 하나씩 들어가도록 칸을 채웁니다. 모든 가로 · 세로 열, 그리고 3×3의 블록에도 같은 숫자가 겹치지 않도록 1~9까지의 숫자를 넣으면 됩니다. 이 칸에는 이 숫자밖에 들어갈 수 없다고 하는 칸을 찾아나갑니다.

그럼 이제 예제를 풀어봅시다. 이 예제는 그렇게 쉬운 문제가 아닙니다. 이 예제를 풀 수 있다면 이 책 속의 모든 문제를 풀 수 있습니다.

처음에 하나의 숫자에 주목해 봅시다. 1부터 순서대로 생각해 볼까요? 왼쪽 하단의 3×3의 블록에는 아직 1이 들어 있지 않습니다. 비어 있는 일곱 개의 칸 어딘가에 1이 들어가게 됩니다. 왼쪽에서 두 번째 세로 열에는 이미 1이 들어가 있습니다. 따라서 이 열에는 더 이상 1을 넣을 수 없으므로 이 블록에서는 6이 들어 있는 칸 위나 아래 칸밖에 1이 들어갈 수 없게 됩니다.

			7	4				
Ⓓ	Ⓑ	8	3					9
	6	1					7	
4	1					6		
		Ⓒ	8		7			
		5					2	3
	5					1	4	
6					5	8		
Ⓐ				9	8			

〈예시〉

여기서 이 블록의 오른쪽을 보면 아래에서 세 번째 열에는 이미 1이 들어가 있습니다. 그렇습니다. 이 블록에서 1을 넣을 수 있는 곳은 Ⓐ뿐입니다.

마찬가지로 Ⓑ에 4가, Ⓒ에 6이 들어갑니다. 여기까지는 이해가 되셨나요? Ⓑ에 4가 들어감으로써 왼쪽 위의 3×3의 블록에서 7이 들어갈 수 있는 칸은 Ⓓ밖에 없습니다. Ⓓ에 7을 넣읍시다. 이와 같이 숫자가 채워지면 그것이 다음 힌트가 되는 경우가 많습니다.

다음의 중간 과정 그림을 살펴봅시다. 1부터 9까지의 숫자가 대략 그림과 같이 채워집니다.

	9		7	4			Ⓗ	Ⓖ
7	4	8	3					9
	6	1		8			7	
4	1	7				6	Ⓙ	Ⓘ
		6	8		7	9	Ⓕ	Ⓔ
9	8	5				7	2	3
8	5	9				1	4	
6					5	8	9	
1				9	8			

〈도중 경과〉

숫자를 순서대로 살펴보면 Ⓔ에는 4가 들어간다는 것을 알 수 있습니다. 그러면 Ⓕ에는 1이 들어가고 Ⓖ에도 1이 들어갑니다. Ⓖ가 1이라면 Ⓗ는 8이 됩니다. Ⓘ도 8이 됩니다.

오른쪽 가운데 3×3의 블록에는 이렇게 해서 여덟 개의 숫자가 채워졌습니다. 여덟 개의 숫자가 들어갔으면 나머지 한 칸에 들어갈 것은 아직 들어가지 않은 숫자가 들어가게 됩니다. 여기서는 Ⓙ에 5가 들어갑니다.

3×3의 블록뿐만 아니라 가로 열에도, 세로 열에도 여덟 개의 숫자가 들어가면 나머지 한 칸에는 아직 들어가지 않은 숫자를 넣으면 됩니다.

이 책의 문제는 지금까지 설명한 것만 생각하면 모두 풀 수 있는 문제입니다. 만약 문제가 풀리지 않는다면 어딘가 빠뜨린 곳이 있을 것입니다. 그럴 때는 일단 다른 일을 하다가 다시 스도쿠 문제 풀이를 하게 되면 빠뜨린 곳을 발견할 수 있을

5	9	2	7	4	6	3	8	1
7	4	8	3	2	1	5	6	9
3	6	1	5	8	9	4	7	2
4	1	7	9	3	2	6	5	8
2	3	6	8	5	7	9	1	4
9	8	5	1	6	4	7	2	3
8	5	9	2	7	3	1	4	6
6	2	3	4	1	5	8	9	7
1	7	4	6	9	8	2	3	5

〈해답〉

겁니다. 한 곳만 생각하지 말고 전체를 살피는 것이 스도쿠를 푸는 요령입니다.

만약 한 번 엉키게 되면 잘못된 곳을 발견하는 게 어려운 퍼즐이 스도쿠입니다. 이 책의 문제를 풀다보면 중급을 푸는 요령도 생길 수 있습니다. 이 책의 문제를 모두 풀었다면 꼭 중급, 그리고 고급편에 도전해 보십시오. 아직 수도 없이 많은 스도쿠가 당신을 기다리고 있습니다.

SPECIAL

CONTENTS

SUDOKU

스페셜
스도쿠
LEVEL
1

Question **001**

6	1				5	4		3
3	7				4	5		
		4	7				1	6
		6	1		3		9	8
9	5		2		7	6		
4	8				1	3		
		5	3				4	9
7		3	8				5	1

DATE ____________________

TIME ____________________

SUDOKU

LEVEL1

LEVEL 1

LEVEL 2

LEVEL 3

Question 002

		2				5		
	8		6		3		1	
6				5				8
	1		2		4		3	
		4				8		
	3		8		1		7	
7				1				4
	2		7		5		6	
		3				2		

DATE ______________________

TIME ______________________

LEVEL1

Question 003

8	6					9		
				5	3			1
		2	4					6
	7			8		1		
	4		5		6		3	
		8		1			2	
3					1	5		
7			2	6				
		1					4	7

DATE ____________________

TIME ____________________

SUDOKU

LEVEL1

LEVEL 1

LEVEL 2

LEVEL 3

Question 004

		5		7			1	
	3			8			2	
1			4					6
	4	6			2			9
				9				
9			1			5	3	
8					3			2
	1			6			4	
	2			5		7		

DATE ______________________

TIME ______________________

LEVEL1

Question 005

	3			4			5	
1				3		2		
		7	2			9		6
6					1	3		5
	1			2			7	
2		4	7					8
5		8			4	1		
		6		5				7
	2			6			4	

DATE ____________________

TIME ____________________

SUDOKU
LEVEL1

LEVEL 1
LEVEL 2
LEVEL 3

Question 006

		8	5	2		3		
	1				4		9	
5		6			7			8
2			1			5		
	5			3			1	
		3			8			2
3			8			7		4
	4		2				8	
		9		6	1	2		

DATE ____________________

TIME ____________________

LEVEL1

Question 007

8		1	5				9	7
2					4	1		
	3		2	8				6
	2					6		8
		4		1		9		
1		9					2	
7				6	5		3	
		5	8					1
4	6				3	7		2

DATE ______________________

TIME ______________________

LEVEL1

Question 008

	4	1			3		6	
8			4			9		2
5			2	7			3	
	7	8	6					9
		3				4		
1					9	5	8	
	8			5	1			7
6		4			7			5
	9		3			8	2	

DATE ____________________

TIME ____________________

LEVEL1

Question 009

	1	4				2	3	
3			8		2			7
8			1		4			5
	2	5		6		8	4	
			2		9			
	3	9		4		1	5	
5			9		6			1
2			5		3			4
	9	8				5	6	

DATE ____________________

TIME ____________________

LEVEL 1

LEVEL 1

LEVEL 2

LEVEL 3

Question 010

2				5				7
	5		3		4		8	
		3				1		
4				2				1
		9	1		5	7		
5				9				3
		1				3		
	4		7		2		5	
6				8				2

DATE ____________________

TIME ____________________

Question 011

7	1						8	6
		2			4	3		
			5	1				
2					3	6		
	5			4			2	
		3	1					8
				5	2			
		8	6			4		
6	3						1	7

DATE ______________________________

TIME ______________________________

LEVEL1

LEVEL 1

LEVEL 2

LEVEL 3

Question 012

	1				8	2		
		8		1				7
2			5				3	
5				8		7		
	3		7		1		8	
		7		6				4
	9				2			1
3				9		6		
		4	8				2	

DATE ______________________

TIME ______________________

LEVEL1

Question 013

2			3	6		9		
		7			5		1	
	6					4		8
		6		8			5	
			4		1			
	8			9		2		
9		1					6	
	4		2			3		
		8		1	4			9

DATE ______________________

TIME ______________________

SUDOKU
LEVEL1

LEVEL 1
LEVEL 2
LEVEL 3

Question 014

			8				3	
5		4						6
7		6		4	9	8		2
3		5						4
			2		7			
2						6		3
8		9	3	5		7		1
4						2		8
	2				6			

DATE ____________________

TIME ____________________

Question 015

		7			4		1	
		8		5			3	4
1	5					2		
					2			6
	7			3			4	
3			1					
		5					2	3
6	8			4		5		
	2		7			1		

DATE ______________________

TIME ______________________

Question 016

		5				1		
	1		5		2		3	
4				1				6
	3		2		7		8	
		6				3		
	9		1		4		2	
1				5				9
	2		3		6		5	
		7				4		

DATE ____________________

TIME ____________________

LEVEL1

Question 017

9			1	8				4
		6			2	1		
		4					3	
2			8	7			9	
7								2
	1			9	3			5
	4					3		
		9	7			5		
6				2	5			1

DATE ____________________

TIME ____________________

SUDOKU
LEVEL1

LEVEL 1
LEVEL 2
LEVEL 3

Question 018

	5		2				4	
1	6		9		5			8
		4		6		1		
9	3				6		5	
		1				3		
	7		4				1	9
		5		1		9		
6			5		3		8	4
	9				8		3	

DATE ____________________

TIME ____________________

LEVEL1

Question 019

	9	4				1		
7			1		5		6	
5			6			7		3
	6	3	2				7	
				8				
	8				6	4	5	
3		6			7			9
	4		5		9			1
		1				8	3	

DATE ______________________

TIME ______________________

SUDOKU

LEVEL1

LEVEL 1

LEVEL 2

LEVEL 3

Question 020

4	8				3			2
		2	5					1
	7			1	9		4	
2		5					3	
		7				1		
	3					7		6
	5		1	4			8	
6					5	3		
8			3				6	4

DATE ____________________

TIME ____________________

LEVEL1

Question 021

	3					5		6
7	2			9				
			1		2	3		
	4							3
		7				1		
8							9	
		1	5		8			
				2			6	5
3		4					8	

DATE ______________________

TIME ______________________

SUDOKU

LEVEL1

Question 022

6	7		1	2				5
		5						1
					7		8	
		4	5		1			2
1				8				6
2			3		6	8		
	2		7					
7						9		
9				1	3		5	4

DATE ____________________

TIME ____________________

LEVEL1

Question 023

				6	1	9		
	6	1				2		
9			8			6		
1			2	9			5	
3	2						9	8
	9			4	5			2
		6			3			1
		3				8	2	
		9	4	1				

DATE ______________________

TIME ______________________

Question 024

				4	5			
		4	6			7	8	
1	6			7				3
		5			3	4		1
	1			6			7	
4		7	2			6		
2				9			6	4
	7	6			2	9		
			1	3				

DATE ______________________

TIME ______________________

LEVEL1

Question 025

3			1		4			6
1		7				4		8
		5		8		3		
6	4			3			2	7
		8	2		1	9		
5	9			6			4	3
		6		7		5		
2		3				7		1
8			5		3			2

DATE ______________________

TIME ______________________

SUDOKU
LEVEL1

LEVEL 1
LEVEL 2
LEVEL 3

Question 026

	1				4		6	
8			6					4
		3		1		2		
4			7		8		1	
		2				4		
	7		9		6			2
		8		3		6		
2					9			3
	5		1				8	

DATE ______________________

TIME ______________________

LEVEL1

Question 027

				2	7			
		3			1	7		
	8	2				4	3	
5	7							
2				6				8
							1	5
	2	1				5	4	
		4	7			6		
			6	5				

DATE ______________________

TIME ______________________

SUDOKU
LEVEL1

LEVEL 1
LEVEL 2
LEVEL 3

Question 028

5	9				8			
		6		4		2		
			2				6	1
7				9		6		
	4		3		2		5	
		1		7				2
1	3				7			
		7		8		9		
			1				3	4

DATE ____________________

TIME ____________________

LEVEL1

Question 029

1					5			2
	7						4	
			2	6				
7			3		1	6		
		2		9		8		
		1	4		2			3
				5	7			
	6						1	
3			1					5

DATE ____________________

TIME ____________________

SUDOKU

LEVEL1

LEVEL 1

LEVEL 2

LEVEL 3

Question 030

7			5					
	3	1			2			7
						1	6	
						6	2	
8			3		1			4
	4	5						
	1	2						
6			7			8	5	
					4			3

DATE ____________________

TIME ____________________

LEVEL1

Question 031

	6						4	
5			1	4			3	2
		1	2			7		
		8			3			6
2				5				1
3			7			5		
		3			6	4		
8	4			2	1			5
	1						2	

DATE ______________________

TIME ______________________

Question 032

		8			6			3
6			1			8		
	5			9			1	
8			6			1		
	6			5			7	
		2			9			4
	3			4			8	
		6			1			5
1			7			3		

DATE ______________________

TIME ______________________

LEVEL1

Question 033

9	1				3		6	8
		6	2	5				
	5					2	9	
	3		4					1
		8		9		3		
1					8		5	
	4	9					3	
				8	5	4		
2	6		1				7	9

DATE ______________________

TIME ______________________

SUDOKU
LEVEL1

LEVEL 1
LEVEL 2
LEVEL 3

Question 034

7	6				1		3	
4			5				7	8
		8	4	2		6		
	1	6	3		4			7
		2				9		
9			8		2	4	5	
		7		6	3	5		
3	9				8			1
	5		7				8	2

DATE ______________________

TIME ______________________

LEVEL1

Question 035

	8	4	9					
		1						5
				1	2		6	4
		7	3		4			1
		9				2		
5			1		6	3		
2	7		5	3				
3						6		
					8	1	2	

DATE ____________________

TIME ____________________

Question 036

	9		5				2	
5	3			7				4
			2			1		
9		8			4			
	2			9			7	
			8			4		5
		7			2			
4				5			8	2
	6				8		1	

DATE ______________________

TIME ______________________

LEVEL1

Question 037

	3	8	2					9
					4	1	3	
7			5	9				
2						4		
3		1		5		6		8
		6						5
				4	2			3
	4	9	1					
1					6	8	5	

DATE ______________________

TIME ______________________

SUDOKU

LEVEL1

LEVEL 1

LEVEL 2

LEVEL 3

Question 038

		2	3			1		
	4			9			6	
6					1			4
		4	2		7			3
	3			8			1	
1			4		5	6		
5			1					2
	2			7			3	
		7			4	5		

DATE ______________________

TIME ______________________

LEVEL1

Question 039

		1	4		6	2		
6	2			1			4	3
				9				
	3		5		1		2	
		4		3		5		
	1		2		4		6	
				2				
4	7			6			1	5
		9	7		8	6		

DATE ____________________

TIME ____________________

SUDOKU
LEVEL1

LEVEL 1
LEVEL 2
LEVEL 3

Question 040

		2	3	4				
	4				6			9
	3				7		8	
		4	7	6			3	
1								2
	5			9	8	7		
	9		6				4	
7			2				1	
				3	1	5		

DATE ____________________

TIME ____________________

스페셜
스도쿠
LEVEL
2

LEVEL2

Question 041

	4				5	6		
5				7			1	
			8					7
	6			1	3			
		4				7		
			6	5			8	
2					8			
	7			2				1
		1	4				6	

DATE

TIME

SUDOKU

LEVEL2

LEVEL 1

LEVEL 2

LEVEL 3

Question 042

	5			8			7	
		6	4					9
1				3			5	
	8				1	5		
5				2				1
		9	5				6	
	6			9				8
2					8	3		
	9			1			2	

DATE ______________________

TIME ______________________

LEVEL2

Question 043

	6			4			2	
9			2		7			3
				6				
	7		4				6	
6		9				1		4
	2				8		7	
				1				
1			9		6			2
	4			3			8	

DATE ____________________

TIME ____________________

SUDOKU
LEVEL2

LEVEL 1
LEVEL 2
LEVEL 3

Question 044

2	8	3	5					
		1						
	7			1	2	3	4	5
1			7				6	
		6				7		
	5				8			2
4	3	2	1	9			8	
						2		
					4	5	1	9

DATE

TIME

LEVEL2

Question 045

	4		9	6				
2					3			7
		1					4	
	1		2		6	5		
3				7				6
		7	4		1		3	
	3					1		
6			3					2
				2	9		6	

DATE ______________________

TIME ______________________

Question 046

			1		9			
2		7				3		6
4				2				9
	8			1			7	
		1	4		5	6		
	7			3			5	
7				4				2
8		9				1		3
			6		8			

DATE ______________________

TIME ______________________

LEVEL2

Question 047

			8			6	7	
7		2			1			
8				7			3	
	3			8				9
		4	7		9	8		
6				5			1	
	8			9				7
			6			9		5
	2	1			7			

DATE ______________________

TIME ______________________

Question 048

		5				8		
		3	5	8	2	4		
		1				6		
2				3				5
8	3	7		9		2	4	1
6				1				9
		8				1		
		2	1	4	8	5		
		6				9		

DATE ____________________

TIME ____________________

LEVEL2

Question 049

	4					8	1	
5	1	6				4	7	3
	8	3	4				2	5
		9	1	7				
			5	6	4			
				3	2	7		
7	3				1	2	4	
4	6	2				9	5	1
	9	1					6	

DATE ______________________

TIME ______________________

Question 050

8				7	5		6	1
		9						5
	4		9					
2					6	4		
	9			4			3	
		7	5					2
					3		5	
9						1		
3	8		6	9				4

DATE ______________________

TIME ______________________

LEVEL2

Question 051

	5				8		1	
2		6		4		5		
	9		5				7	
7					4			1
				2				
4			1					2
	7				1		9	
		9		5		8		7
	8		9				5	

DATE

TIME

LEVEL2

Question 052

				3	9	6	5	
	4	3		5			9	
		1						
4					6			
2	7			4			8	5
			3					6
						7		
	5			9		1	3	
	1	8	4	2				

DATE ______________________

TIME ______________________

LEVEL2

Question 053

	2			5			3	
7			2			6		4
	3	1				2		
				9			4	
3			1		7			9
	8			2				
		4				3	8	
9		7			8			6
	5			4			1	

DATE ______________________

TIME ______________________

LEVEL2

Question 054

			5		4			
3		2				7		5
	6		7		1		8	
		3		7		8		
8								3
		5		9		1		
	5		4		9		2	
9		6				5		1
			3		6			

DATE ____________________

TIME ____________________

LEVEL2

Question 055

5			8			1		
	9				5			7
		2		1			6	
3			2			6		
	4			9			7	
		1			6			5
	5			2		3		
2			9				8	
		7			8			2

DATE ______________________

TIME ______________________

SUDOKU
LEVEL2

LEVEL 1
LEVEL 2
LEVEL 3

Question 056

		3	6					
	8			9			1	7
2					7	9		
9			1	8				
	2	8				5	4	
				5	2			3
		6	7					8
3	1			6			9	
					5	4		

DATE ______________________

TIME ______________________

Question 057

6			7					5
		1		5			6	
	7				3	1		
5					1	9		
	8			9			7	
		3	5					2
		9	1				8	
	6			4		3		
1					7			6

DATE ____________________

TIME ____________________

Question 058

5							4	6
2	7			5			9	
			9		7			
		4	8		2	5		
	1						2	
		2	7		3	4		
			5		9			
	4			3			8	2
9	2							5

DATE ______________________

TIME ______________________

LEVEL2

Question 059

				6			2	
5			2			8		
	8		1		7			
		7		2		4	9	
2			8		3			1
	1	6		9		3		
			3		9		5	
		1			6			8
	6			8				

DATE ____________________

TIME ____________________

SUDOKU
LEVEL2

LEVEL 1
LEVEL 2
LEVEL 3

Question 060

	1				5	8	9	
4				7				6
5			2					
1				2		5		
	6		5		8		3	
		4		3				2
					4			9
7				6				1
	2	8	3				4	

DATE ____________________

TIME ____________________

Question 061

		9	3			2		
	2			8			4	
4					6			3
		7		9				4
	3		2		1		8	
1				3		7		
9			7					5
	8			1			3	
		2			3	9		

DATE ____________________

TIME ____________________

Question 062

		5	2			9		
	4			8			6	
1					4			7
		7	1					3
	1			4			7	
2					6	8		
8			5					9
	7			6			5	
		9			1	4		

DATE ____________________

TIME ____________________

Question 063

		5				2		
7			8		1			6
3				6				1
		1				4		
	2		7		5		6	
		6				3		
9				5				2
6			9		4			5
		4				9		

DATE ______________________

TIME ______________________

SUDOKU
LEVEL2

LEVEL 1
LEVEL 2
LEVEL 3

Question 064

1	8					6		3
2				8	1			
				7				8
			5				4	
	7	4				1	2	
	1				2			
5				9				
			6	5				4
6		3					8	1

DATE ____________________

TIME ____________________

LEVEL2

Question 065

		6	3					
	9			8		2		
7					1		3	
		8	6					1
	2			9			4	
5					2	7		
	3		8					9
		9		2			8	
					5	3		

DATE ____________________

TIME ____________________

LEVEL2

LEVEL 1
LEVEL 2
LEVEL 3

Question 066

		9	2					5
	2			6			1	
6					4	9		
1					7	2		
	6			2			7	
		5	3					4
		3	4					6
	1			7			2	
8					6	5		

DATE ______________________

TIME ______________________

LEVEL2

Question 067

					9	7		
6				7			4	
5		1	8					6
	3				8			
		9				3		
			5				8	
3					5	8		1
	4			3				7
		6	9					

DATE

TIME

SUDOKU
LEVEL2

Question 068

	9				8		2	
1	8			4			9	7
			3					
		9			1			8
	1			3			5	
2			9			4		
					5			
7	2			8			3	4
	6		2				7	

DATE ______________________

TIME ______________________

LEVEL2

Question 069

7			3		5			
	1			9				3
		6					4	
8			4			1		
	9			7			3	
		3			1			9
	2					8		
9				1			7	
			5		2			4

DATE

TIME

SUDOKU
LEVEL2

LEVEL 1
LEVEL 2
LEVEL 3

Question 070

				3	4	8	1	
			6					4
			1		8	9		6
	1	8			3	4		2
6								1
9		5	4			7	3	
1		7	2		9			
8					6			
	3	6	7	1				

DATE ______________________

TIME ______________________

LEVEL2

Question 071

1	9					3		4
8			7	1		5		
		3					8	6
	5		6		2			
	4			7			3	
			5		4		2	
4	8					2		
		7		2	6			1
6		5					4	7

DATE ____________________

TIME ____________________

LEVEL2

LEVEL 1
LEVEL 2
LEVEL 3

Question 072

			8	7				
5			4	2		9		
	4						5	
		3			1			7
	9			8			1	
2			3			6		
	5						9	
		1		4	6			3
				9	2			

DATE ______________________

TIME ______________________

LEVEL2

Question 073

			9		6			
		6		8		1		
	2						7	
4				7				8
	9		3		1		2	
3				9				1
	1						3	
		8		3		7		
			4		7			

DATE ____________________

TIME ____________________

Question 074

		7	6			2		
	6			2			9	
8				4				6
2			8					
	1	8				7	2	
					1			3
1				7				8
	7			9			4	
		4			6	3		

DATE ______________________

TIME ______________________

LEVEL2

Question 075

8	2						1	6
9			4	2				3
					9			
	4				3	6		
	8			4			9	
		2	8				7	
			2					
1				9	6			4
2	7						6	8

DATE ______________________

TIME ______________________

Question 076

	6					3	8	
		7	9					6
5				8				
8			2			7		
	9			4			2	
		4			3			1
				3				4
7					8	5		
	3	8					9	

DATE ______________________

TIME ______________________

LEVEL2

Question 077

	5		4		1		2	
		8				7		
9								6
	2		8		5		4	
		5		4		2		
	4		2		7		1	
3								8
		4				1		
	9		1		3		7	

DATE ______________________

TIME ______________________

LEVEL 1
LEVEL 2
LEVEL 3

Question 078

2	3						7	9
6			9	2				8
		5			6	4		
		6					1	
	7			3			5	
	8					2		
		2	4			1		
4				7	2			5
9	6						4	2

DATE ____________________

TIME ____________________

LEVEL2

Question 079

			5		1			
		8		2		6		
	2			4			9	
7			2		4			6
	1	5				2	4	
6			9		5			7
	5			9			7	
		4		7		8		
			1		6			

DATE ____________________

TIME ____________________

Question 080

	4				1		5	3
1	9			5	3			7
		6	8					
		1					8	2
	3			7			9	
7	2					4		
					2	1		
9			7	3			2	8
6	7		9				4	

DATE ____________________

TIME ____________________

LEVEL2

Question 081

	4		9		2	1		7
	2		3				5	
7				5			4	
5				6			7	
		1				2		
	8			2				3
	6			1				4
	1				6		8	
2		4	7		8		3	

DATE

TIME

LEVEL2

LEVEL 1
LEVEL 2
LEVEL 3

Question 082

	9			6			4	
		8			2			3
		2		8			1	
	5		9		7	6		
4								8
		3	8		4		9	
	1			4		3		
2			6			4		
	3			1			2	

DATE ______________________

TIME ______________________

LEVEL2

Question 083

					9		7	
	3	6				8		
2			7			3		
	1	9			7		3	
	7		2			5	4	
		3			8			2
		1				6	9	
	5		6					

DATE

TIME

LEVEL 1
LEVEL 2
LEVEL 3

Question 084

5			6		9			3
	4			3				2
		2					8	
			9			3		
			5		8			
		1			3			
	7					2		
9				7			5	
8			2		1			6

DATE ____________________

TIME ____________________

LEVEL2

Question 085

		6					1	
	1		5			4		6
2		4		9			5	
						9		8
				1				
6		3						
	7			4		1		2
1		5			7		4	
	9					6		

DATE ____________________

TIME ____________________

LEVEL2

LEVEL 1
LEVEL 2
LEVEL 3

Question 086

	8						7	
6			2		4			1
		5		3		8		
	6		9				2	
9				6				4
	4				3		5	
		8		2		6		
5			6		7			3
	9						4	

DATE ________________

TIME ________________

LEVEL2

Question 087

	2						7	
1	4						6	8
			1		7			
		6	9		1	2		
				2				
		8	3		4	5		
			5		6			
3	1						8	9
	9						5	

DATE ______________________

TIME ______________________

SUDOKU

LEVEL2

LEVEL 1

LEVEL 2

LEVEL 3

Question 088

			9		8			
	8	2		4		7	3	
	6						1	
3			4		2			9
	5						6	
8			5		3			2
	1						9	
	9	7		2		3	8	
			8		1			

DATE ________________

TIME ________________

Question 089

1	9		3				6	8
8	6			5			1	7
			6		8			1
	3			4			7	
4			1		9			
9	1			8			3	6
7	8				1		2	4

DATE ____________________

TIME ____________________

LEVEL2

Question 090

			4	3		1		
	4	7					9	
8							5	
				5				3
1			9		6			2
5				4				
	5							8
	6					2	4	
		1		6	3			

DATE ____________________

TIME ____________________

Question 091

		6						3
8	2				5			
			4	8		6	5	
		3				9		
	9			6			1	
		1				8		
	3	9		1	2			
			5				7	9
5						2		

DATE ____________________

TIME ____________________

Question 092

				3			1	
					7	2		
	9	5						
6			2			7	8	
4			7		5			6
	7	8			4			1
						5	4	
		4	5					
	1			6				

DATE

TIME

Question 093

	9	6					4	
			2	3				9
					7	3		
		4	1				7	3
				2				
2	7				5	8		
		2	5					
7				9	4			
	8					9	6	

DATE ______________________

TIME ______________________

SUDOKU
LEVEL2

LEVEL 1
LEVEL 2
LEVEL 3

Question 094

	7						9	
3		5		9		6		8
			2		8			
9		2				8		4
			4		6			
1		3				2		5
			7		2			
4		7		6		1		9
	1						3	

DATE ______________________

TIME ______________________

LEVEL2

Question 095

	4	5				9		
2			7	3			6	
					2		5	
	7				6			4
8			4		3			5
1			2				3	
	8		3					
	2			8	7			9
		9				3	7	

DATE ______________________

TIME ______________________

Question 096

		1	3	8				
		9	6	2				
						7	2	5
						6	1	8
8	5	3						
1	2	6						
				4	1	5		
				7	6	9		

DATE ______________________

TIME ______________________

LEVEL2

Question 097

	8		2		4		3	
7		6				8		9
	1			7			6	
2								7
		9				3		
1								2
	7			5			1	
3		8				5		6
	9		8		6		7	

DATE ____________________

TIME ____________________

Question 098

	6		7		9			
		3				1		6
	2		6				3	
3						4		5
				8				
5		7						1
	5				7		4	
2		9				3		
			4		1		2	

DATE ____________________

TIME ____________________

LEVEL2

Question 099

	4		5			6		
		7		3				1
5					7		9	
		3						7
	8			7			6	
9						4		
	6		4					5
7				9		8		
		5			1		2	

DATE ______________________

TIME ______________________

LEVEL2

Question **100**

		4				5		
			7		8			
9		6				8		7
	1			8			4	
			1		3			
	5			9			7	
1		3				9		5
			9		4			
		8				3		

DATE ______________________

TIME ______________________

스페셜
스도쿠
LEVEL
3
1
4
7
5
SUPER

LEVEL3

Question **101**

		3			7	1		
	6			3			7	
7			2					6
2			3		6	5		
	9						2	
		1	5		2			8
3					5			7
	5			2			8	
		8	7			3		

DATE ______________________

TIME ______________________

Question **102**

1				9				5
			8		7			
2		7		3		8		4
	2		3		8		6	
3								2
	1		6		2		5	
9		2		5		6		3
			1		9			
7				6				8

DATE ______________________

TIME ______________________

Question **103**

1	7		8					9
		6		1				7
					7		5	
		4	9		5			8
	8			6			9	
9			4		3	5		
	5		7					
7				9		6		
8					6		2	1

DATE ______________________

TIME ______________________

SUDOKU
LEVEL3

LEVEL 1
LEVEL 2
LEVEL 3

Question **104**

	8	4			1			5
2				5		7		
1			2				9	
		8			2			9
	9			6			4	
3			4			2		
	7				9			2
		5		1				8
8			7			1	6	

DATE ____________________

TIME ____________________

LEVEL3

Question **105**

	3			1			2	
9			7			5		1
		6					3	
	2			4				
1			6		2			3
				8			7	
	7					1		
3		2			1			5
	5			7			9	

DATE ______________________

TIME ______________________

SUDOKU
LEVEL3

LEVEL 1
LEVEL 2
LEVEL 3

Question **106**

6			8			2	1	5
4					3			
1					2			
	2	3	4		8			1
				5				
5			9		6	7	8	
			2					9
			7					8
7	8	1			9			4

DATE ______________________

TIME ______________________

Question **107**

		3	5		7	6		
		7				5		
6	5						8	1
7				8				5
			3		5			
4				9				2
9	4						1	7
		1				8		
		6	9		8	2		

DATE ____________________

TIME ____________________

SUDOKU

LEVEL3

LEVEL 1

LEVEL 2

LEVEL 3

Question **108**

				8				
			6		3			
1		8		7		6		5
	3		5		7		2	
7		2		4		3		6
	6		3		1		4	
6		3		1		9		2
			9		4			
				5				

DATE ______________________

TIME ______________________

LEVEL3

Question **109**

	3				5			
		5	1			3		
8				4			6	
	2				1			5
		3				1		
5			6				2	
	6			3				9
		8			7	2		
			9				3	

DATE ____________________

TIME ____________________

LEVEL3

Question **110**

		2	4					
		9	5				2	4
					3		5	6
	3	4		7				
	2	7				4	6	
				5		9	7	
2	8		7					
6	7				9	1		
					8	2		

DATE ____________________

TIME ____________________

LEVEL3

Question **111**

		3					4	
			6				1	8
1			4	2				
	2	5			9			
		4				7		
			8			1	3	
				1	8			7
2	4				3			
	5					6		

DATE ______________________

TIME ______________________

LEVEL3

LEVEL 1

LEVEL 2

LEVEL 3

Question **112**

	5						2	
1			2			3		
		9				5		4
		7			9			8
	9			4			5	
3			5			2		
4		3				8		
		2			1			6
	7						4	

DATE ______________________

TIME ______________________

LEVEL3

Question **113**

2			5	3				1
	1		2				7	
		5				6		
				8			4	9
3			9		5			2
5	6			7				
		4				1		
	5				6		3	
7				5	4			6

DATE ______________________

TIME ______________________

LEVEL3

Question **114**

	5			7				
2			6					1
		6			1		7	
	6		1					8
		1				3		
8					3		5	
	9		2			7		
3					7			5
				8			6	

DATE ______________________

TIME ______________________

LEVEL3

Question **115**

5			1		6			9
7				3				4
	8						6	
		9				7		
			8		7			
		3				1		
	4						8	
9				4				3
2			9		3			5

DATE ______________________

TIME ______________________

Question **116**

			5		7			
9		4				5		8
	1						4	
		5		6		7		
	2						1	
		3		9		4		
	3						7	
4		1				3		2
			2		5			

DATE ____________________

TIME ____________________

LEVEL3

Question **117**

	5		6	9		2		
	1					4		
		2			3			
			7	5				1
3								7
9				4	6			
			5			9		
		4					3	
		6		1	2		5	

DATE ______________________

TIME ______________________

SUDOKU
LEVEL3

LEVEL 1
LEVEL 2
LEVEL 3

Question **118**

	6				1	7		
	9		6	7				
		2					1	
6		3					9	
			4	2	9			
	8					5		2
	5					1		
				6	7		8	
		4	9				2	

DATE ______________________

TIME ______________________

LEVEL3

Question **119**

	9		7		6		8	
		5		8		1		
	8						6	
8		3				4		9
			3		8			
2		6				8		7
	7						1	
		8		2		7		
	2		5		9		4	

DATE

TIME

SUDOKU
LEVEL3

LEVEL 1
LEVEL 2
LEVEL 3

Question **120**

		3			6			8
7			5			1		
	6			4			9	
		2						5
			8		3			
1						8		
	5			7			3	
		6			9			4
8			2			5		

DATE ____________________

TIME ____________________

SUDOKU
LEVEL3

Question **121**

	2		3					
7		8		4			5	
	9		6			4		3
					5		6	
3		9				1		2
	4		1					
4		1			8		7	
	7			1		8		6
					4		9	

DATE ______________________

TIME ______________________

Question **122**

		9					8	
	8			5	3			7
2			7			4		
8			1				4	
	6			4			3	
	2				6			5
		4			9			8
6			8	1			5	
	9					6		

DATE ____________________

TIME ____________________

LEVEL3

Question **123**

1				4		3		
		6	9		7			
	4					8		7
	5						7	
9				2				5
	6						2	
5		4					8	
			3		2	1		
		9		6				3

DATE ____________________

TIME ____________________

Question **124**

			7		1		8	
8				6		3		5
	1							
1			4		2	5		
	9			8			2	
		6	1		5			7
							6	
9		2		3				4
	6		9		8			

DATE ______________________________

TIME ______________________________

LEVEL3

Question **125**

	7	2					8	
			7	2				5
	3				5	7		
		6					5	1
				3				
8	2					6		
		7	3				6	
4				1	6			
	9					8	4	

DATE ______________________

TIME ______________________

Question **126**

3			4	7			5	1
8		5						
		7				3	8	
			3		4			8
9				8				2
7			9		6			
	9	2				5		
						1		4
4	5			6	1			7

DATE ______________________

TIME ______________________

LEVEL3

Question **127**

						6		
			1			3	7	
1			6	5				
8	4				2	9		
			7		5			
		7	4				8	2
				1	9			5
	8	1			7			
		3						

DATE ______________________

TIME ______________________

LEVEL3

Question **128**

	2		9			8		
		9			5		3	
3				4				7
	8				1			
		3				2		
			3				6	
8				7				6
	1		8			7		
		2			6		1	

DATE ______________________

TIME ______________________

LEVEL3

Question **129**

		3					6	
1					5	9		
	8			3				1
	6		1		4			
		8				2		
			9		7		8	
2				1			7	
		6	2					4
	4					5		

DATE ______________________

TIME ______________________

Question **130**

	8							
2		7			8	9		3
			6	5			1	
		3					5	
		5		9		8		
	4					1		
	2			7	1			
1		8	2			5		9
							4	

DATE ______________________

TIME ______________________

LEVEL3

Question **131**

	1							7
		2	6			5	4	
				7	8			
	9	1					5	
8								2
	7					6	9	
			3	6				
	8	4			5	9		
1							7	

DATE ______________________

TIME ______________________

Question **132**

	9	5					8	
1				6				5
			1					4
	7			8	4			
		8				2		
			2	5			9	
3					2			
8				4				9
	2					8	7	

DATE ______________________

TIME ______________________

Question **133**

					9			
		4	2			3		
	9	1	6				2	
	4	5			3			1
				2				
8			7			4	3	
	3				4	8	6	
		7			1	2		
			3					

DATE ______________________

TIME ______________________

Question **134**

					6	1	2	
		6	5	9				
8	5							6
4					3	9	1	
				8				
	3	5	1					8
2							7	9
				6	5	3		
	7	4	3					

DATE ____________________

TIME ____________________

LEVEL3

Question **135**

2			7					5
7				6	9			4
	6						1	
					1		6	
		9		5		3		
	5		9					
	1						8	
5			3	9				7
8					2			3

DATE ________________

TIME ________________

LEVEL3

Question **136**

	4	8						6
9						5	1	
					7			
			5	7			8	3
		1				6		
5	6			8	3			
			2					
	8	2						7
4						3	9	

DATE ______________________

TIME ______________________

LEVEL3

Question **137**

	5				6		4	
6	8			1				9
			5			7		
		9			4			5
	3			8			6	
2			9			3		
		5			3			
9				5			3	2
	7		6				1	

DATE ______________________

TIME ______________________

LEVEL3

Question **138**

5	1						7	8
3								2
		2	4		7	5		
		6	9		3	1		
		3	8		1	4		
		7	6		8	9		
8								6
9	6						3	5

DATE ______________________

TIME ______________________

LEVEL3

Question **139**

		8				6		
	2		8		3			
9				6				7
	6				2		1	
		9		1		2		
	3		7				8	
2				8				5
			3		1		7	
		3				4		

DATE ______________________

TIME ______________________

Question **140**

1			8			6		
	9	7						3
				4			5	
			2		8		7	
4				9				6
	2		4		5			
	1			2				
7						9	2	
		8			3			1

DATE ______________________

TIME ______________________

LEVEL3

Question **141**

			2				1	
6		9				5		
	5				6		9	
		4	9		1			3
9			4		5	8		
	3		6				4	
		1				7		2
	8				7			

DATE ______________________

TIME ______________________

Question **142**

		7						4
	9		2				1	
	2		1			7		
		4			6		9	
7								3
	8		9			5		
		2			3		5	
	6				9		4	
1						8		

DATE ______________________

TIME ______________________

LEVEL3

Question **143**

				6	3			
		6	2			5	7	
8	9							1
					5	3		7
				9				
1		8	4					
3							1	4
	8	1			6	2		
			1	7				

DATE ______________________

TIME ______________________

Question **144**

	1	8						
			3		7			5
		5				9		1
	8		6		2		3	
				5				
	2		1		3		7	
9		4				2		
7			4		9			
						6	4	

DATE ____________________

TIME ____________________

LEVEL3

Question **145**

	3	9			5			
2			8					
6				1		4		
	8				9			2
		3				1		
5			4				6	
		2		4				5
					1			6
			6			9	8	

DATE ______________________

TIME ______________________

LEVEL3

LEVEL 1

LEVEL 2

LEVEL 3

Question **146**

9				7			6	
	4	1		8		2		
			3			4		
8			2				1	
5				9				7
	3				1			4
		8			6			
		3		4		5	8	
	5			2				3

DATE ____________________

TIME ____________________

LEVEL3

Question **147**

	9	1				3		
6				2	5			9
			7				5	
		8			1	9		
				3				
		4	6			7		
	8				4			
4			1	7				3
		5				6	8	

DATE ______________________

TIME ______________________

Question **148**

				5	2			7
	8					3		
	5	9					2	
		8	4					3
5				1				2
1					9	5		
	2					8	9	
		4					7	
6			2	4				

DATE ______________________

TIME ______________________

Question **149**

		2				6		
	1			6			8	
8			7			4		
	7				6			4
		5		1		9		
1			8				3	
		6			1			3
	2			9			4	
		7				8		

DATE ______________________

TIME ______________________

SUDOKU
LEVEL3

LEVEL 1
LEVEL 2
LEVEL 3

Question **150**

2	9			1	5			
		6				2		
5			7			1		
9			5				4	
	8			9			2	
	2				7			1
		2			8			7
		8				6		
			3	6			1	2

DATE ______________________

TIME ______________________

LEVEL3

Question **151**

	6			4	2			
5	8			1				
							1	7
		9	1					2
			6		3			
4					8	7		
1	3							
				5			9	1
			2	8			7	

DATE

TIME

LEVEL 1

LEVEL 2

LEVEL 3

Question **152**

9	6				1			
4				8		7		
			5				6	
		2	7					6
	7			4			1	
1					3	2		
	5				2			
		7		3				4
			9				2	3

DATE ______________________

TIME ______________________

LEVEL3

Question **153**

	4						9	
9		1						5
			2		1		3	
		8		7		1		
			9		6			
		5		8		6		
	7		6		8			
3						5		8
	2						7	

DATE

TIME

Question **154**

					6	8		
	3	2						
	6	9		8	5			
				1	9		5	3
9	1						7	8
2	5		3	6				
			8	5		7	9	
						4	1	
		1	9					

DATE

TIME

LEVEL3

Question **155**

2				7			4	3
				3	8			7
		5						
			8				7	
8	7			5			2	4
	4				6			
						9		
9			4	1				
3	6			2				8

DATE ______________________

TIME ______________________

SUDOKU
LEVEL3

LEVEL 1

LEVEL 2

LEVEL 3

Question **156**

9				1	8			
5						9		
	3					2	4	
		6	3					9
3				2				1
2					1	6		
	7	4					5	
		9						2
			1	4				6

DATE ______________________

TIME ______________________

LEVEL3

Question **157**

				2	3	8		
			7				6	
4	9	5						
					6	4	5	
6				8				2
	8	2	1					
						7	1	9
	2				9			
		4	8	5				

DATE ______________________

TIME ______________________

SUDOKU
LEVEL3

LEVEL 1
LEVEL 2
LEVEL 3

Question **158**

						7		
	8		5		6			
		6		4		9		1
	5				9		7	
		8				3		
	3		4				6	
2		7		8		5		
			6		5		9	
		4						

DATE ______________________

TIME ______________________

LEVEL3

Question **159**

			6	7	4			
	1	6	2					
	9	2						
1	4							6
3				2				8
5							9	3
						6	5	
					8	1	3	
			3	4	9			

DATE

TIME

SUDOKU
LEVEL3

LEVEL 1
LEVEL 2
LEVEL 3

Question **160**

			7					
	1			5	3			
		8			4	9		
2			5			3	1	
	5			4			7	
	3	6			8			2
		2	4			5		
			1	3			9	
					6			

DATE ____________________

TIME ____________________

1
4
스페셜
스도쿠
ANSWER
7
5
SUPER

SPECIAL SUDOKU

ANSWER

Answer 01

6	1	8	9	2	5	4	7	3
3	7	9	6	1	4	5	8	2
5	2	4	7	3	8	9	1	6
2	4	6	1	5	3	7	9	8
8	3	7	4	6	9	1	2	5
9	5	1	2	8	7	6	3	4
4	8	2	5	9	1	3	6	7
1	6	5	3	7	2	8	4	9
7	9	3	8	4	6	2	5	1

Answer 02

3	9	2	1	7	8	5	4	6
4	8	5	6	2	3	7	1	9
6	7	1	4	5	9	3	2	8
8	1	7	2	9	4	6	3	5
2	6	4	5	3	7	8	9	1
5	3	9	8	6	1	4	7	2
7	5	6	3	1	2	9	8	4
9	2	8	7	4	5	1	6	3
1	4	3	9	8	6	2	5	7

Answer 03

8	6	3	1	7	2	9	5	4
4	9	7	6	5	3	2	8	1
5	1	2	4	9	8	3	7	6
2	7	5	3	8	4	1	6	9
1	4	9	5	2	6	7	3	8
6	3	8	9	1	7	4	2	5
3	8	6	7	4	1	5	9	2
7	5	4	2	6	9	8	1	3
9	2	1	8	3	5	6	4	7

Answer 04

2	6	5	3	7	9	4	1	8
4	3	7	6	8	1	9	2	5
1	9	8	4	2	5	3	7	6
7	4	6	5	3	2	1	8	9
3	5	1	7	9	8	2	6	4
9	8	2	1	4	6	5	3	7
8	7	4	9	1	3	6	5	2
5	1	9	2	6	7	8	4	3
6	2	3	8	5	4	7	9	1

Answer 05

9	3	2	6	4	8	7	5	1
1	6	5	9	3	7	2	8	4
4	8	7	2	1	5	9	3	6
6	7	9	4	8	1	3	2	5
8	1	3	5	2	6	4	7	9
2	5	4	7	9	3	6	1	8
5	9	8	3	7	4	1	6	2
3	4	6	1	5	2	8	9	7
7	2	1	8	6	9	5	4	3

Answer 06

4	9	8	5	2	6	3	7	1
7	1	2	3	8	4	6	9	5
5	3	6	9	1	7	4	2	8
2	8	7	1	4	9	5	3	6
9	5	4	6	3	2	8	1	7
1	6	3	7	5	8	9	4	2
3	2	1	8	9	5	7	6	4
6	4	5	2	7	3	1	8	9
8	7	9	4	6	1	2	5	3

SPECIAL SUDOKU

ANSWER

Answer 07

8	4	1	5	3	6	2	9	7
2	5	6	9	7	4	1	8	3
9	3	7	2	8	1	5	4	6
5	2	3	7	4	9	6	1	8
6	8	4	3	1	2	9	7	5
1	7	9	6	5	8	3	2	4
7	1	2	4	6	5	8	3	9
3	9	5	8	2	7	4	6	1
4	6	8	1	9	3	7	5	2

Answer 08

2	4	1	5	9	3	7	6	8
8	3	7	4	1	6	9	5	2
5	6	9	2	7	8	1	3	4
4	7	8	6	3	5	2	1	9
9	5	3	1	8	2	4	7	6
1	2	6	7	4	9	5	8	3
3	8	2	9	5	1	6	4	7
6	1	4	8	2	7	3	9	5
7	9	5	3	6	4	8	2	1

Answer 09

9	1	4	6	7	5	2	3	8
3	5	6	8	9	2	4	1	7
8	7	2	1	3	4	6	9	5
7	2	5	3	6	1	8	4	9
4	8	1	2	5	9	3	7	6
6	3	9	7	4	8	1	5	2
5	4	3	9	8	6	7	2	1
2	6	7	5	1	3	9	8	4
1	9	8	4	2	7	5	6	3

Answer 10

2	9	4	8	5	1	6	3	7
1	5	6	3	7	4	2	8	9
7	8	3	2	6	9	1	4	5
4	3	7	6	2	8	5	9	1
8	6	9	1	3	5	7	2	4
5	1	2	4	9	7	8	6	3
9	2	1	5	4	6	3	7	8
3	4	8	7	1	2	9	5	6
6	7	5	9	8	3	4	1	2

Answer 11

7	1	4	2	3	9	5	8	6
5	9	2	8	6	4	3	7	1
3	8	6	5	1	7	9	4	2
2	7	1	9	8	3	6	5	4
8	5	9	7	4	6	1	2	3
4	6	3	1	2	5	7	9	8
1	4	7	3	5	2	8	6	9
9	2	8	6	7	1	4	3	5
6	3	5	4	9	8	2	1	7

Answer 12

7	1	3	6	4	8	2	5	9
9	5	8	2	1	3	4	6	7
2	4	6	5	7	9	1	3	8
5	6	1	3	8	4	7	9	2
4	3	9	7	2	1	5	8	6
8	2	7	9	6	5	3	1	4
6	9	5	4	3	2	8	7	1
3	8	2	1	9	7	6	4	5
1	7	4	8	5	6	9	2	3

Answer 13

2	1	4	3	6	8	9	7	5
8	3	7	9	4	5	6	1	2
5	6	9	1	2	7	4	3	8
4	9	6	7	8	2	1	5	3
7	5	2	4	3	1	8	9	6
1	8	3	5	9	6	2	4	7
9	2	1	8	5	3	7	6	4
6	4	5	2	7	9	3	8	1
3	7	8	6	1	4	5	2	9

Answer 14

9	1	2	8	6	5	4	3	7
5	8	4	7	2	3	9	1	6
7	3	6	1	4	9	8	5	2
3	7	5	6	9	8	1	2	4
6	4	1	2	3	7	5	8	9
2	9	8	5	1	4	6	7	3
8	6	9	3	5	2	7	4	1
4	5	3	9	7	1	2	6	8
1	2	7	4	8	6	3	9	5

Answer 15

9	3	7	8	2	4	6	1	5
2	6	8	9	5	1	7	3	4
1	5	4	3	6	7	2	8	9
5	1	9	4	8	2	3	7	6
8	7	2	5	3	6	9	4	1
3	4	6	1	7	9	8	5	2
7	9	5	6	1	8	4	2	3
6	8	1	2	4	3	5	9	7
4	2	3	7	9	5	1	6	8

Answer 16

3	7	5	6	8	9	1	4	2
6	1	9	5	4	2	7	3	8
4	8	2	7	1	3	5	9	6
5	3	1	2	6	7	9	8	4
2	4	6	8	9	5	3	1	7
7	9	8	1	3	4	6	2	5
1	6	3	4	5	8	2	7	9
9	2	4	3	7	6	8	5	1
8	5	7	9	2	1	4	6	3

Answer 17

9	3	2	1	8	7	6	5	4
8	5	6	4	3	2	1	7	9
1	7	4	6	5	9	2	3	8
2	6	5	8	7	1	4	9	3
7	9	3	5	4	6	8	1	2
4	1	8	2	9	3	7	6	5
5	4	1	9	6	8	3	2	7
3	2	9	7	1	4	5	8	6
6	8	7	3	2	5	9	4	1

Answer 18

7	5	9	2	8	1	6	4	3
1	6	3	9	4	5	2	7	8
8	2	4	3	6	7	1	9	5
9	3	8	1	7	6	4	5	2
2	4	1	8	5	9	3	6	7
5	7	6	4	3	2	8	1	9
3	8	5	7	1	4	9	2	6
6	1	2	5	9	3	7	8	4
4	9	7	6	2	8	5	3	1

ANSWER

Answer 19

6	9	4	7	2	3	1	8	5
7	3	8	1	9	5	2	6	4
5	1	2	6	4	8	7	9	3
4	6	3	2	5	1	9	7	8
2	7	5	9	8	4	3	1	6
1	8	9	3	7	6	4	5	2
3	2	6	8	1	7	5	4	9
8	4	7	5	3	9	6	2	1
9	5	1	4	6	2	8	3	7

Answer 20

4	8	1	7	6	3	9	5	2
3	9	2	5	8	4	6	7	1
5	7	6	2	1	9	8	4	3
2	6	5	9	7	1	4	3	8
9	4	7	6	3	8	1	2	5
1	3	8	4	5	2	7	9	6
7	5	3	1	4	6	2	8	9
6	2	4	8	9	5	3	1	7
8	1	9	3	2	7	5	6	4

Answer 21

1	3	9	7	8	4	5	2	6
7	2	5	6	9	3	8	1	4
4	8	6	1	5	2	3	7	9
6	4	2	8	1	9	7	5	3
5	9	7	2	3	6	1	4	8
8	1	3	4	7	5	6	9	2
2	6	1	5	4	8	9	3	7
9	7	8	3	2	1	4	6	5
3	5	4	9	6	7	2	8	1

Answer 22

6	7	8	1	2	9	4	3	5
4	9	5	6	3	8	2	7	1
3	1	2	4	5	7	6	8	9
8	6	4	5	7	1	3	9	2
1	3	7	9	8	2	5	4	6
2	5	9	3	4	6	8	1	7
5	2	3	7	9	4	1	6	8
7	4	1	8	6	5	9	2	3
9	8	6	2	1	3	7	5	4

Answer 23

8	4	2	5	6	1	9	3	7
5	6	1	7	3	9	2	8	4
9	3	7	8	2	4	6	1	5
1	7	4	2	9	8	3	5	6
3	2	5	1	7	6	4	9	8
6	9	8	3	4	5	1	7	2
2	5	6	9	8	3	7	4	1
4	1	3	6	5	7	8	2	9
7	8	9	4	1	2	5	6	3

Answer 24

7	9	8	3	4	5	1	2	6
5	3	4	6	2	1	7	8	9
1	6	2	9	7	8	5	4	3
6	2	5	7	8	3	4	9	1
9	1	3	5	6	4	8	7	2
4	8	7	2	1	9	6	3	5
2	5	1	8	9	7	3	6	4
3	7	6	4	5	2	9	1	8
8	4	9	1	3	6	2	5	7

SPECIAL SUDOKU

ANSWER

Answer 25

3	8	9	1	5	4	2	7	6
1	6	7	3	2	9	4	5	8
4	2	5	6	8	7	3	1	9
6	4	1	9	3	5	8	2	7
7	3	8	2	4	1	9	6	5
5	9	2	7	6	8	1	4	3
9	1	6	8	7	2	5	3	4
2	5	3	4	9	6	7	8	1
8	7	4	5	1	3	6	9	2

Answer 26

5	1	9	2	8	4	3	6	7
8	2	7	6	9	3	1	5	4
6	4	3	5	1	7	2	9	8
4	3	6	7	2	8	9	1	5
9	8	2	3	5	1	4	7	6
1	7	5	9	4	6	8	3	2
7	9	8	4	3	5	6	2	1
2	6	1	8	7	9	5	4	3
3	5	4	1	6	2	7	8	9

Answer 27

1	4	5	3	2	7	8	9	6
9	6	3	8	4	1	7	5	2
7	8	2	5	9	6	4	3	1
5	7	8	1	3	9	2	6	4
2	1	9	4	6	5	3	7	8
4	3	6	2	7	8	9	1	5
6	2	1	9	8	3	5	4	7
3	5	4	7	1	2	6	8	9
8	9	7	6	5	4	1	2	3

Answer 28

5	9	2	6	1	8	4	7	3
3	1	6	7	4	5	2	8	9
4	7	8	2	3	9	5	6	1
7	2	3	5	9	1	6	4	8
8	4	9	3	6	2	1	5	7
6	5	1	8	7	4	3	9	2
1	3	4	9	5	7	8	2	6
2	6	7	4	8	3	9	1	5
9	8	5	1	2	6	7	3	4

Answer 29

1	4	6	7	3	5	9	8	2
2	7	5	9	1	8	3	4	6
8	9	3	2	6	4	1	5	7
7	5	9	3	8	1	6	2	4
4	3	2	5	9	6	8	7	1
6	8	1	4	7	2	5	9	3
9	1	4	6	5	7	2	3	8
5	6	7	8	2	3	4	1	9
3	2	8	1	4	9	7	6	5

Answer 30

7	6	9	5	1	8	4	3	2
4	3	1	6	9	2	5	8	7
2	5	8	4	3	7	1	6	9
1	7	3	8	4	9	6	2	5
8	2	6	3	5	1	9	7	4
9	4	5	2	7	6	3	1	8
3	1	2	9	8	5	7	4	6
6	9	4	7	2	3	8	5	1
5	8	7	1	6	4	2	9	3

SPECIAL SUDOKU
ANSWER

Answer 31

7	6	2	8	3	5	1	4	9
5	8	9	1	4	7	6	3	2
4	3	1	2	6	9	7	5	8
1	5	8	4	9	3	2	7	6
2	7	4	6	5	8	3	9	1
3	9	6	7	1	2	5	8	4
9	2	3	5	8	6	4	1	7
8	4	7	3	2	1	9	6	5
6	1	5	9	7	4	8	2	3

Answer 32

4	1	8	5	7	6	9	2	3
6	2	9	1	3	4	8	5	7
7	5	3	2	9	8	4	1	6
8	4	5	6	2	7	1	3	9
9	6	1	4	5	3	2	7	8
3	7	2	8	1	9	5	6	4
5	3	7	9	4	2	6	8	1
2	9	6	3	8	1	7	4	5
1	8	4	7	6	5	3	9	2

Answer 33

9	1	2	7	4	3	5	6	8
4	8	6	2	5	9	7	1	3
7	5	3	8	1	6	2	9	4
5	3	7	4	6	2	9	8	1
6	2	8	5	9	1	3	4	7
1	9	4	3	7	8	6	5	2
8	4	9	6	2	7	1	3	5
3	7	1	9	8	5	4	2	6
2	6	5	1	3	4	8	7	9

Answer 34

7	6	5	9	8	1	2	3	4
4	2	9	5	3	6	1	7	8
1	3	8	4	2	7	6	9	5
5	1	6	3	9	4	8	2	7
8	4	2	6	7	5	9	1	3
9	7	3	8	1	2	4	5	6
2	8	7	1	6	3	5	4	9
3	9	4	2	5	8	7	6	1
6	5	1	7	4	9	3	8	2

Answer 35

6	8	4	9	5	3	7	1	2
9	2	1	4	6	7	8	3	5
7	5	3	8	1	2	9	6	4
8	6	7	3	2	4	5	9	1
1	3	9	7	8	5	2	4	6
5	4	2	1	9	6	3	7	8
2	7	6	5	3	1	4	8	9
3	1	8	2	4	9	6	5	7
4	9	5	6	7	8	1	2	3

Answer 36

8	9	1	5	4	6	7	2	3
5	3	2	1	7	9	8	6	4
7	4	6	2	8	3	1	5	9
9	5	8	7	6	4	2	3	1
1	2	4	3	9	5	6	7	8
6	7	3	8	2	1	4	9	5
3	8	7	9	1	2	5	4	6
4	1	9	6	5	7	3	8	2
2	6	5	4	3	8	9	1	7

ANSWER

Answer 37

6	3	8	2	1	7	5	4	9
9	5	2	6	8	4	1	3	7
7	1	4	5	9	3	2	8	6
2	9	5	3	6	8	4	7	1
3	7	1	4	5	9	6	2	8
4	8	6	7	2	1	3	9	5
5	6	7	8	4	2	9	1	3
8	4	9	1	3	5	7	6	2
1	2	3	9	7	6	8	5	4

Answer 38

7	5	2	3	4	6	1	9	8
8	4	1	7	9	2	3	6	5
6	9	3	8	5	1	2	7	4
9	6	4	2	1	7	8	5	3
2	3	5	6	8	9	4	1	7
1	7	8	4	3	5	6	2	9
5	8	9	1	6	3	7	4	2
4	2	6	5	7	8	9	3	1
3	1	7	9	2	4	5	8	6

Answer 39

3	9	1	4	5	6	2	8	7
6	2	5	8	1	7	9	4	3
7	4	8	3	9	2	1	5	6
9	3	6	5	7	1	4	2	8
2	8	4	6	3	9	5	7	1
5	1	7	2	8	4	3	6	9
8	6	3	1	2	5	7	9	4
4	7	2	9	6	3	8	1	5
1	5	9	7	4	8	6	3	2

Answer 40

8	1	2	3	4	9	6	5	7
5	4	7	8	1	6	3	2	9
6	3	9	5	2	7	4	8	1
9	8	4	7	6	2	1	3	5
1	7	6	4	5	3	8	9	2
2	5	3	1	9	8	7	6	4
3	9	1	6	7	5	2	4	8
7	6	5	2	8	4	9	1	3
4	2	8	9	3	1	5	7	6

Answer 41

1	4	7	3	9	5	6	2	8
5	9	8	2	7	6	3	1	4
6	3	2	8	4	1	5	9	7
8	6	5	7	1	3	9	4	2
3	1	4	9	8	2	7	5	6
7	2	9	6	5	4	1	8	3
2	5	3	1	6	8	4	7	9
4	7	6	5	2	9	8	3	1
9	8	1	4	3	7	2	6	5

Answer 42

9	5	4	1	8	2	6	7	3
3	2	6	4	5	7	1	8	9
1	7	8	6	3	9	2	5	4
6	8	2	9	4	1	5	3	7
5	3	7	8	2	6	9	4	1
4	1	9	5	7	3	8	6	2
7	6	3	2	9	5	4	1	8
2	4	1	7	6	8	3	9	5
8	9	5	3	1	4	7	2	6

SPECIAL SUDOKU

ANSWER

Answer 43

3	6	7	1	4	9	8	2	5
9	5	4	2	8	7	6	1	3
8	1	2	3	6	5	4	9	7
5	7	3	4	9	1	2	6	8
6	8	9	7	2	3	1	5	4
4	2	1	6	5	8	3	7	9
2	9	5	8	1	4	7	3	6
1	3	8	9	7	6	5	4	2
7	4	6	5	3	2	9	8	1

Answer 44

2	8	3	5	4	6	9	7	1
5	4	1	9	7	3	8	2	6
6	7	9	8	1	2	3	4	5
1	2	8	7	5	9	4	6	3
3	9	6	4	2	1	7	5	8
7	5	4	3	6	8	1	9	2
4	3	2	1	9	5	6	8	7
9	1	5	6	8	7	2	3	4
8	6	7	2	3	4	5	1	9

Answer 45

7	4	3	9	6	5	8	2	1
2	8	6	1	4	3	9	5	7
9	5	1	7	8	2	6	4	3
4	1	8	2	3	6	5	7	9
3	2	9	5	7	8	4	1	6
5	6	7	4	9	1	2	3	8
8	3	2	6	5	7	1	9	4
6	9	5	3	1	4	7	8	2
1	7	4	8	2	9	3	6	5

Answer 46

3	5	8	1	6	9	4	2	7
2	9	7	5	8	4	3	1	6
4	1	6	7	2	3	5	8	9
5	8	3	9	1	6	2	7	4
9	2	1	4	7	5	6	3	8
6	7	4	8	3	2	9	5	1
7	6	5	3	4	1	8	9	2
8	4	9	2	5	7	1	6	3
1	3	2	6	9	8	7	4	5

Answer 47

3	1	9	8	2	5	6	7	4
7	4	2	3	6	1	5	9	8
8	6	5	9	7	4	2	3	1
2	3	7	1	8	6	4	5	9
1	5	4	7	3	9	8	6	2
6	9	8	4	5	2	7	1	3
5	8	6	2	9	3	1	4	7
4	7	3	6	1	8	9	2	5
9	2	1	5	4	7	3	8	6

Answer 48

7	2	5	4	6	1	8	9	3
9	6	3	5	8	2	4	1	7
4	8	1	3	7	9	6	5	2
2	1	9	8	3	4	7	6	5
8	3	7	6	9	5	2	4	1
6	5	4	2	1	7	3	8	9
5	7	8	9	2	6	1	3	4
3	9	2	1	4	8	5	7	6
1	4	6	7	5	3	9	2	8

SPECIAL SUDOKU

ANSWER

Answer **49**

2	4	7	3	5	6	8	1	9
5	1	6	8	2	9	4	7	3
9	8	3	4	1	7	6	2	5
6	2	9	1	7	8	5	3	4
3	7	8	5	6	4	1	9	2
1	5	4	9	3	2	7	8	6
7	3	5	6	9	1	2	4	8
4	6	2	7	8	3	9	5	1
8	9	1	2	4	5	3	6	7

Answer **50**

8	3	2	4	7	5	9	6	1
6	7	9	3	1	8	2	4	5
5	4	1	9	6	2	3	7	8
2	5	3	1	8	6	4	9	7
1	9	8	2	4	7	5	3	6
4	6	7	5	3	9	8	1	2
7	1	4	8	2	3	6	5	9
9	2	6	7	5	4	1	8	3
3	8	5	6	9	1	7	2	4

Answer **51**

3	5	7	2	6	8	4	1	9
2	1	6	7	4	9	5	3	8
8	9	4	5	1	3	2	7	6
7	2	5	6	3	4	9	8	1
9	6	1	8	2	7	3	4	5
4	3	8	1	9	5	7	6	2
5	7	2	4	8	1	6	9	3
1	4	9	3	5	6	8	2	7
6	8	3	9	7	2	1	5	4

Answer **52**

8	2	7	1	3	9	6	5	4
6	4	3	7	5	2	8	9	1
5	9	1	8	6	4	2	7	3
4	3	5	2	8	6	9	1	7
2	7	6	9	4	1	3	8	5
1	8	9	3	7	5	4	2	6
9	6	2	5	1	3	7	4	8
7	5	4	6	9	8	1	3	2
3	1	8	4	2	7	5	6	9

Answer **53**

4	2	6	8	5	9	7	3	1
7	9	8	2	1	3	6	5	4
5	3	1	7	6	4	2	9	8
1	7	5	3	9	6	8	4	2
3	4	2	1	8	7	5	6	9
6	8	9	4	2	5	1	7	3
2	6	4	9	7	1	3	8	5
9	1	7	5	3	8	4	2	6
8	5	3	6	4	2	9	1	7

Answer **54**

1	8	7	5	2	4	6	3	9
3	4	2	9	6	8	7	1	5
5	6	9	7	3	1	4	8	2
6	9	3	1	7	2	8	5	4
8	7	1	6	4	5	2	9	3
4	2	5	8	9	3	1	6	7
7	5	8	4	1	9	3	2	6
9	3	6	2	8	7	5	4	1
2	1	4	3	5	6	9	7	8

Answer 55

5	3	6	8	7	2	1	4	9
1	9	4	3	6	5	8	2	7
7	8	2	4	1	9	5	6	3
3	7	5	2	4	1	6	9	8
6	4	8	5	9	3	2	7	1
9	2	1	7	8	6	4	3	5
8	5	9	6	2	7	3	1	4
2	1	3	9	5	4	7	8	6
4	6	7	1	3	8	9	5	2

Answer 56

7	9	3	6	2	1	8	5	4
6	8	4	5	9	3	2	1	7
2	5	1	8	4	7	9	3	6
9	3	5	1	8	4	6	7	2
1	2	8	3	7	6	5	4	9
4	6	7	9	5	2	1	8	3
5	4	6	7	1	9	3	2	8
3	1	2	4	6	8	7	9	5
8	7	9	2	3	5	4	6	1

Answer 57

6	3	4	7	1	9	8	2	5
8	9	1	2	5	4	7	6	3
2	7	5	6	8	3	1	9	4
5	2	7	4	6	1	9	3	8
4	8	6	3	9	2	5	7	1
9	1	3	5	7	8	6	4	2
3	5	9	1	2	6	4	8	7
7	6	2	8	4	5	3	1	9
1	4	8	9	3	7	2	5	6

Answer 58

5	3	9	2	8	1	7	4	6
2	7	6	3	5	4	1	9	8
4	8	1	9	6	7	2	5	3
6	9	4	8	1	2	5	3	7
3	1	7	6	4	5	8	2	9
8	5	2	7	9	3	4	6	1
1	6	8	5	2	9	3	7	4
7	4	5	1	3	6	9	8	2
9	2	3	4	7	8	6	1	5

Answer 59

1	4	3	9	6	8	5	2	7
5	7	9	2	3	4	8	1	6
6	8	2	1	5	7	9	4	3
8	3	7	6	2	1	4	9	5
2	9	5	8	4	3	7	6	1
4	1	6	7	9	5	3	8	2
7	2	8	3	1	9	6	5	4
9	5	1	4	7	6	2	3	8
3	6	4	5	8	2	1	7	9

Answer 60

3	1	2	6	4	5	8	9	7
4	8	9	1	7	3	2	5	6
5	7	6	2	8	9	4	1	3
1	9	3	4	2	6	5	7	8
2	6	7	5	9	8	1	3	4
8	5	4	7	3	1	9	6	2
6	3	1	8	5	4	7	2	9
7	4	5	9	6	2	3	8	1
9	2	8	3	1	7	6	4	5

ANSWER

Answer 61

8	5	9	3	4	7	2	6	1
3	2	6	1	8	9	5	4	7
4	7	1	5	2	6	8	9	3
2	6	7	8	9	5	3	1	4
5	3	4	2	7	1	6	8	9
1	9	8	6	3	4	7	5	2
9	4	3	7	6	8	1	2	5
7	8	5	9	1	2	4	3	6
6	1	2	4	5	3	9	7	8

Answer 62

6	3	5	2	1	7	9	8	4
7	4	2	9	8	3	1	6	5
1	9	8	6	5	4	3	2	7
4	8	7	1	2	5	6	9	3
9	1	6	3	4	8	5	7	2
2	5	3	7	9	6	8	4	1
8	6	4	5	3	2	7	1	9
3	7	1	4	6	9	2	5	8
5	2	9	8	7	1	4	3	6

Answer 63

1	6	5	3	7	9	2	8	4
7	9	2	8	4	1	5	3	6
3	4	8	5	6	2	7	9	1
8	3	1	2	9	6	4	5	7
4	2	9	7	3	5	1	6	8
5	7	6	4	1	8	3	2	9
9	8	7	1	5	3	6	4	2
6	1	3	9	2	4	8	7	5
2	5	4	6	8	7	9	1	3

Answer 64

1	8	7	2	4	5	6	9	3
2	3	6	9	8	1	4	5	7
4	5	9	3	7	6	2	1	8
8	6	2	5	1	7	3	4	9
3	7	4	8	6	9	1	2	5
9	1	5	4	3	2	8	7	6
5	4	8	1	9	3	7	6	2
7	2	1	6	5	8	9	3	4
6	9	3	7	2	4	5	8	1

Answer 65

2	1	6	3	5	9	8	7	4
3	9	5	7	8	4	2	1	6
7	8	4	2	6	1	9	3	5
9	4	8	6	3	7	5	2	1
1	2	7	5	9	8	6	4	3
5	6	3	4	1	2	7	9	8
4	3	2	8	7	6	1	5	9
6	5	9	1	2	3	4	8	7
8	7	1	9	4	5	3	6	2

Answer 66

3	4	9	2	1	8	7	6	5
5	2	7	9	6	3	4	1	8
6	8	1	7	5	4	9	3	2
1	3	8	6	4	7	2	5	9
9	6	4	8	2	5	3	7	1
2	7	5	3	9	1	6	8	4
7	5	3	4	8	2	1	9	6
4	1	6	5	7	9	8	2	3
8	9	2	1	3	6	5	4	7

SPECIAL SUDOKU

ANSWER

Answer 67

4	8	3	6	5	9	7	1	2
6	9	2	3	7	1	5	4	8
5	7	1	8	2	4	9	3	6
2	3	5	7	9	8	1	6	4
8	1	9	2	4	6	3	7	5
7	6	4	5	1	3	2	8	9
3	2	7	4	6	5	8	9	1
9	4	8	1	3	2	6	5	7
1	5	6	9	8	7	4	2	3

Answer 68

4	9	6	7	5	8	3	2	1
1	8	3	6	4	2	5	9	7
5	7	2	3	1	9	8	4	6
3	4	9	5	2	1	7	6	8
6	1	7	8	3	4	2	5	9
2	5	8	9	6	7	4	1	3
9	3	1	4	7	5	6	8	2
7	2	5	1	8	6	9	3	4
8	6	4	2	9	3	1	7	5

Answer 69

7	4	9	3	6	5	2	1	8
2	1	8	7	9	4	6	5	3
5	3	6	1	2	8	9	4	7
8	5	7	4	3	9	1	2	6
1	9	2	8	7	6	4	3	5
4	6	3	2	5	1	7	8	9
3	2	5	9	4	7	8	6	1
9	8	4	6	1	3	5	7	2
6	7	1	5	8	2	3	9	4

Answer 70

2	6	9	5	3	4	8	1	7
5	8	1	6	9	7	3	2	4
3	7	4	1	2	8	9	5	6
7	1	8	9	5	3	4	6	2
6	4	3	8	7	2	5	9	1
9	2	5	4	6	1	7	3	8
1	5	7	2	8	9	6	4	3
8	9	2	3	4	6	1	7	5
4	3	6	7	1	5	2	8	9

Answer 71

1	9	2	8	6	5	3	7	4
8	6	4	7	1	3	5	9	2
5	7	3	2	4	9	1	8	6
7	5	8	6	3	2	4	1	9
2	4	9	1	7	8	6	3	5
3	1	6	5	9	4	7	2	8
4	8	1	9	5	7	2	6	3
9	3	7	4	2	6	8	5	1
6	2	5	3	8	1	9	4	7

Answer 72

1	6	9	8	7	5	4	3	2
5	7	8	4	2	3	9	6	1
3	4	2	6	1	9	7	5	8
4	8	3	9	6	1	5	2	7
6	9	5	2	8	7	3	1	4
2	1	7	3	5	4	6	8	9
7	5	4	1	3	8	2	9	6
9	2	1	5	4	6	8	7	3
8	3	6	7	9	2	1	4	5

SPECIAL SUDOKU

ANSWER

Answer 73

1	8	7	9	4	6	2	5	3
5	3	6	7	8	2	1	4	9
9	2	4	1	5	3	8	7	6
4	6	1	2	7	5	3	9	8
8	9	5	3	6	1	4	2	7
3	7	2	8	9	4	5	6	1
7	1	9	5	2	8	6	3	4
2	4	8	6	3	9	7	1	5
6	5	3	4	1	7	9	8	2

Answer 74

3	9	7	6	8	5	2	1	4
4	6	5	1	2	3	8	9	7
8	2	1	7	4	9	5	3	6
2	4	3	8	5	7	1	6	9
6	1	8	9	3	4	7	2	5
7	5	9	2	6	1	4	8	3
1	3	6	4	7	2	9	5	8
5	7	2	3	9	8	6	4	1
9	8	4	5	1	6	3	7	2

Answer 75

8	2	4	3	5	7	9	1	6
9	6	7	4	2	1	8	5	3
5	1	3	6	8	9	2	4	7
7	4	5	9	1	3	6	8	2
6	8	1	7	4	2	3	9	5
3	9	2	8	6	5	4	7	1
4	5	6	2	7	8	1	3	9
1	3	8	5	9	6	7	2	4
2	7	9	1	3	4	5	6	8

Answer 76

4	6	9	1	7	2	3	8	5
3	8	7	9	5	4	2	1	6
5	1	2	3	8	6	4	7	9
8	5	6	2	1	9	7	4	3
1	9	3	5	4	7	6	2	8
2	7	4	8	6	3	9	5	1
9	2	5	7	3	1	8	6	4
7	4	1	6	9	8	5	3	2
6	3	8	4	2	5	1	9	7

Answer 77

6	5	7	4	9	1	8	2	3
4	3	8	6	5	2	7	9	1
9	1	2	7	3	8	4	5	6
7	2	3	8	1	5	6	4	9
1	6	5	3	4	9	2	8	7
8	4	9	2	6	7	3	1	5
3	7	1	5	2	4	9	6	8
5	8	4	9	7	6	1	3	2
2	9	6	1	8	3	5	7	4

Answer 78

2	3	8	1	4	5	6	7	9
6	4	1	9	2	7	5	3	8
7	9	5	3	8	6	4	2	1
3	2	6	8	5	9	7	1	4
1	7	9	2	3	4	8	5	6
5	8	4	7	6	1	2	9	3
8	5	2	4	9	3	1	6	7
4	1	3	6	7	2	9	8	5
9	6	7	5	1	8	3	4	2

SPECIAL SUDOKU

ANSWER

Answer 79

9	6	7	5	8	1	4	3	2
4	3	8	7	2	9	6	5	1
5	2	1	6	4	3	7	9	8
7	8	9	2	3	4	5	1	6
3	1	5	8	6	7	2	4	9
6	4	2	9	1	5	3	8	7
2	5	6	4	9	8	1	7	3
1	9	4	3	7	2	8	6	5
8	7	3	1	5	6	9	2	4

Answer 80

2	4	7	6	9	1	8	5	3
1	9	8	4	5	3	2	6	7
3	5	6	8	2	7	9	1	4
5	6	1	3	4	9	7	8	2
8	3	4	2	7	6	5	9	1
7	2	9	1	8	5	4	3	6
4	8	3	5	6	2	1	7	9
9	1	5	7	3	4	6	2	8
6	7	2	9	1	8	3	4	5

Answer 81

3	4	5	9	8	2	1	6	7
1	2	6	3	7	4	8	5	9
7	9	8	6	5	1	3	4	2
5	3	2	1	6	9	4	7	8
4	7	1	8	3	5	2	9	6
6	8	9	4	2	7	5	1	3
8	6	7	5	1	3	9	2	4
9	1	3	2	4	6	7	8	5
2	5	4	7	9	8	6	3	1

Answer 82

5	9	7	3	6	1	8	4	2
1	4	8	5	7	2	9	6	3
3	6	2	4	8	9	7	1	5
8	5	1	9	2	7	6	3	4
4	7	9	1	3	6	2	5	8
6	2	3	8	5	4	1	9	7
7	1	6	2	4	5	3	8	9
2	8	5	6	9	3	4	7	1
9	3	4	7	1	8	5	2	6

Answer 83

1	8	5	3	2	9	4	7	6
7	3	6	1	4	5	8	2	9
2	9	4	7	8	6	3	1	5
5	1	9	4	6	7	2	3	8
3	4	2	8	5	1	9	6	7
6	7	8	2	9	3	5	4	1
4	6	3	9	1	8	7	5	2
8	2	1	5	7	4	6	9	3
9	5	7	6	3	2	1	8	4

Answer 84

5	1	8	6	2	9	4	7	3
6	4	9	8	3	7	5	1	2
7	3	2	1	5	4	6	8	9
4	8	5	9	1	2	3	6	7
3	6	7	5	4	8	9	2	1
2	9	1	7	6	3	8	4	5
1	7	6	3	8	5	2	9	4
9	2	3	4	7	6	1	5	8
8	5	4	2	9	1	7	3	6

SPECIAL SUDOKU

ANSWER

Answer 85

5	3	6	4	7	8	2	1	9
9	1	7	5	3	2	4	8	6
2	8	4	1	9	6	3	5	7
7	5	1	2	6	4	9	3	8
8	2	9	7	1	3	5	6	4
6	4	3	8	5	9	7	2	1
3	7	8	6	4	5	1	9	2
1	6	5	9	2	7	8	4	3
4	9	2	3	8	1	6	7	5

Answer 86

2	8	3	5	1	6	4	7	9
6	7	9	2	8	4	5	3	1
4	1	5	7	3	9	8	6	2
3	6	1	9	4	5	7	2	8
9	5	7	8	6	2	3	1	4
8	4	2	1	7	3	9	5	6
7	3	8	4	2	1	6	9	5
5	2	4	6	9	7	1	8	3
1	9	6	3	5	8	2	4	7

Answer 87

5	2	9	6	3	8	1	7	4
1	4	7	2	5	9	3	6	8
8	6	3	1	4	7	9	2	5
4	5	6	9	8	1	2	3	7
9	3	1	7	2	5	8	4	6
2	7	8	3	6	4	5	9	1
7	8	2	5	9	6	4	1	3
3	1	5	4	7	2	6	8	9
6	9	4	8	1	3	7	5	2

Answer 88

1	3	5	9	7	8	6	2	4
9	8	2	1	4	6	7	3	5
7	6	4	2	3	5	9	1	8
3	7	6	4	1	2	8	5	9
2	5	1	7	8	9	4	6	3
8	4	9	5	6	3	1	7	2
4	1	8	3	5	7	2	9	6
5	9	7	6	2	4	3	8	1
6	2	3	8	9	1	5	4	7

Answer 89

1	9	4	3	2	7	5	6	8
8	6	2	9	5	4	3	1	7
3	5	7	8	1	6	4	9	2
5	7	9	6	3	8	2	4	1
6	3	1	2	4	5	8	7	9
4	2	8	1	7	9	6	5	3
2	4	6	7	9	3	1	8	5
9	1	5	4	8	2	7	3	6
7	8	3	5	6	1	9	2	4

Answer 90

6	9	5	4	3	8	1	2	7
3	4	7	1	2	5	8	9	6
8	1	2	6	9	7	3	5	4
9	7	6	8	5	2	4	1	3
1	3	4	9	7	6	5	8	2
5	2	8	3	4	1	7	6	9
2	5	9	7	1	4	6	3	8
7	6	3	5	8	9	2	4	1
4	8	1	2	6	3	9	7	5

POLSDK

ANSWER

Answer 91

9	5	6	2	7	1	4	8	3
8	2	4	6	3	5	1	9	7
3	1	7	4	8	9	6	5	2
7	8	3	1	5	4	9	2	6
2	9	5	8	6	3	7	1	4
6	4	1	9	2	7	8	3	5
4	3	9	7	1	2	5	6	8
1	6	2	5	4	8	3	7	9
5	7	8	3	9	6	2	4	1

Answer 92

7	8	2	9	3	6	4	1	5
3	4	6	1	5	7	2	9	8
1	9	5	8	4	2	6	3	7
6	5	9	2	1	3	7	8	4
4	3	1	7	8	5	9	2	6
2	7	8	6	9	4	3	5	1
8	6	7	3	2	1	5	4	9
9	2	4	5	7	8	1	6	3
5	1	3	4	6	9	8	7	2

Answer 93

3	9	6	8	5	1	7	4	2
1	4	7	2	3	6	5	8	9
5	2	8	9	4	7	3	1	6
6	5	4	1	8	9	2	7	3
8	1	9	7	2	3	6	5	4
2	7	3	4	6	5	8	9	1
9	6	2	5	1	8	4	3	7
7	3	5	6	9	4	1	2	8
4	8	1	3	7	2	9	6	5

Answer 94

8	7	1	6	4	5	3	9	2
3	2	5	1	9	7	6	4	8
6	9	4	2	3	8	7	5	1
9	6	2	3	5	1	8	7	4
7	5	8	4	2	6	9	1	3
1	4	3	8	7	9	2	6	5
5	3	9	7	1	2	4	8	6
4	8	7	5	6	3	1	2	9
2	1	6	9	8	4	5	3	7

Answer 95

7	4	5	8	6	1	9	2	3
2	9	8	7	3	5	4	6	1
6	3	1	9	4	2	8	5	7
9	7	3	5	1	6	2	8	4
8	6	2	4	7	3	1	9	5
1	5	4	2	9	8	7	3	6
4	8	7	3	5	9	6	1	2
3	2	6	1	8	7	5	4	9
5	1	9	6	2	4	3	7	8

Answer 96

2	7	1	3	8	5	4	9	6
5	4	9	6	2	7	1	8	3
3	6	8	4	1	9	7	2	5
7	9	4	5	3	2	6	1	8
6	1	2	7	9	8	3	5	4
8	5	3	1	6	4	2	7	9
1	2	6	9	5	3	8	4	7
9	3	7	8	4	1	5	6	2
4	8	5	2	7	6	9	3	1

Answer 97

9	8	5	2	6	4	7	3	1
7	2	6	5	3	1	8	4	9
4	1	3	9	7	8	2	6	5
2	3	4	6	8	5	1	9	7
8	6	9	7	1	2	3	5	4
1	5	7	3	4	9	6	8	2
6	7	2	4	5	3	9	1	8
3	4	8	1	9	7	5	2	6
5	9	1	8	2	6	4	7	3

Answer 98

4	6	1	7	3	9	8	5	2
8	7	3	2	5	4	1	9	6
9	2	5	6	1	8	7	3	4
3	9	2	1	7	6	4	8	5
6	1	4	5	8	2	9	7	3
5	8	7	9	4	3	2	6	1
1	5	8	3	2	7	6	4	9
2	4	9	8	6	5	3	1	7
7	3	6	4	9	1	5	2	8

Answer 99

3	4	2	5	1	9	6	7	8
6	9	7	8	3	4	2	5	1
5	1	8	2	6	7	3	9	4
2	5	3	9	4	6	1	8	7
1	8	4	3	7	2	5	6	9
9	7	6	1	5	8	4	3	2
8	6	9	4	2	3	7	1	5
7	2	1	6	9	5	8	4	3
4	3	5	7	8	1	9	2	6

Answer 100

8	7	4	2	1	9	5	3	6
5	3	1	7	6	8	4	9	2
9	2	6	3	4	5	8	1	7
6	1	9	5	8	7	2	4	3
4	8	7	1	2	3	6	5	9
3	5	2	4	9	6	1	7	8
1	4	3	8	7	2	9	6	5
2	6	5	9	3	4	7	8	1
7	9	8	6	5	1	3	2	4

Answer 101

4	8	3	9	6	7	1	5	2
5	6	2	1	3	8	9	7	4
7	1	9	2	5	4	8	3	6
2	7	4	3	8	6	5	1	9
8	9	5	4	7	1	6	2	3
6	3	1	5	9	2	7	4	8
3	4	6	8	1	5	2	9	7
9	5	7	6	2	3	4	8	1
1	2	8	7	4	9	3	6	5

Answer 102

1	3	8	4	9	6	2	7	5
4	9	5	8	2	7	1	3	6
2	6	7	5	3	1	8	9	4
5	2	9	3	4	8	7	6	1
3	7	6	9	1	5	4	8	2
8	1	4	6	7	2	3	5	9
9	8	2	7	5	4	6	1	3
6	4	3	1	8	9	5	2	7
7	5	1	2	6	3	9	4	8

SPECIAL SUDOKU

ANSWER

Answer 103

1	7	5	8	4	2	3	6	9
2	3	6	5	1	9	8	4	7
4	9	8	6	3	7	1	5	2
3	6	4	9	7	5	2	1	8
5	8	7	2	6	1	4	9	3
9	1	2	4	8	3	5	7	6
6	5	1	7	2	8	9	3	4
7	2	3	1	9	4	6	8	5
8	4	9	3	5	6	7	2	1

Answer 104

9	8	4	6	7	1	3	2	5
2	6	3	9	5	4	7	8	1
1	5	7	2	8	3	4	9	6
7	4	8	5	3	2	6	1	9
5	9	2	1	6	7	8	4	3
3	1	6	4	9	8	2	5	7
6	7	1	8	4	9	5	3	2
4	2	5	3	1	6	9	7	8
8	3	9	7	2	5	1	6	4

Answer 105

7	3	5	9	1	6	8	2	4
9	4	8	7	2	3	5	6	1
2	1	6	4	5	8	9	3	7
5	2	9	3	4	7	6	1	8
1	8	7	6	9	2	4	5	3
4	6	3	1	8	5	2	7	9
6	7	4	5	3	9	1	8	2
3	9	2	8	6	1	7	4	5
8	5	1	2	7	4	3	9	6

Answer 106

6	3	9	8	4	7	2	1	5
4	5	2	1	6	3	8	9	7
1	7	8	5	9	2	4	3	6
9	2	3	4	7	8	6	5	1
8	6	7	3	5	1	9	4	2
5	1	4	9	2	6	7	8	3
3	4	6	2	8	5	1	7	9
2	9	5	7	1	4	3	6	8
7	8	1	6	3	9	5	2	4

Answer 107

8	1	3	5	4	7	6	2	9
2	9	7	8	6	1	5	4	3
6	5	4	2	3	9	7	8	1
7	3	2	1	8	4	9	6	5
1	6	9	3	2	5	4	7	8
4	8	5	7	9	6	1	3	2
9	4	8	6	5	2	3	1	7
5	2	1	4	7	3	8	9	6
3	7	6	9	1	8	2	5	4

Answer 108

3	7	6	1	8	5	2	9	4
5	2	4	6	9	3	1	7	8
1	9	8	4	7	2	6	3	5
4	3	1	5	6	7	8	2	9
7	5	2	8	4	9	3	1	6
8	6	9	3	2	1	5	4	7
6	4	3	7	1	8	9	5	2
2	8	5	9	3	4	7	6	1
9	1	7	2	5	6	4	8	3

Answer 109

7	3	6	8	2	5	9	4	1
2	4	5	1	6	9	3	7	8
8	1	9	7	4	3	5	6	2
9	2	4	3	7	1	6	8	5
6	7	3	5	8	2	1	9	4
5	8	1	6	9	4	7	2	3
1	6	7	2	3	8	4	5	9
3	9	8	4	5	7	2	1	6
4	5	2	9	1	6	8	3	7

Answer 110

7	5	2	4	8	6	3	9	1
3	6	9	5	1	7	8	2	4
1	4	8	9	2	3	7	5	6
9	3	4	6	7	2	5	1	8
5	2	7	8	9	1	4	6	3
8	1	6	3	5	4	9	7	2
2	8	1	7	3	5	6	4	9
6	7	3	2	4	9	1	8	5
4	9	5	1	6	8	2	3	7

Answer 111

5	7	3	9	8	1	2	4	6
4	9	2	6	3	7	5	1	8
1	8	6	4	2	5	3	7	9
3	2	5	1	7	9	8	6	4
8	1	4	3	5	6	7	9	2
9	6	7	8	4	2	1	3	5
6	3	9	5	1	8	4	2	7
2	4	8	7	6	3	9	5	1
7	5	1	2	9	4	6	8	3

Answer 112

7	5	6	8	3	4	9	2	1
1	4	8	2	9	5	3	6	7
2	3	9	1	7	6	5	8	4
5	2	7	3	6	9	4	1	8
8	9	1	7	4	2	6	5	3
3	6	4	5	1	8	2	7	9
4	1	3	6	2	7	8	9	5
9	8	2	4	5	1	7	3	6
6	7	5	9	8	3	1	4	2

Answer 113

2	8	6	5	3	7	4	9	1
4	1	3	2	6	9	8	7	5
9	7	5	8	4	1	6	2	3
1	2	7	6	8	3	5	4	9
3	4	8	9	1	5	7	6	2
5	6	9	4	7	2	3	1	8
6	9	4	3	2	8	1	5	7
8	5	1	7	9	6	2	3	4
7	3	2	1	5	4	9	8	6

Answer 114

1	5	8	4	7	9	6	3	2
2	7	4	6	3	8	5	9	1
9	3	6	5	2	1	8	7	4
7	6	3	1	5	2	9	4	8
5	4	1	8	9	6	3	2	7
8	2	9	7	4	3	1	5	6
6	9	5	2	1	4	7	8	3
3	8	2	9	6	7	4	1	5
4	1	7	3	8	5	2	6	9

SPECIAL SUDOKU

ANSWER

Answer 115

5	3	4	1	7	6	8	2	9
7	9	6	2	3	8	5	1	4
1	8	2	4	5	9	3	6	7
8	2	9	3	1	4	7	5	6
6	5	1	8	9	7	4	3	2
4	7	3	6	2	5	1	9	8
3	4	5	7	6	2	9	8	1
9	6	8	5	4	1	2	7	3
2	1	7	9	8	3	6	4	5

Answer 116

3	6	8	5	4	7	2	9	1
9	7	4	6	2	1	5	3	8
5	1	2	3	8	9	6	4	7
1	4	5	8	6	3	7	2	9
6	2	9	7	5	4	8	1	3
7	8	3	1	9	2	4	5	6
2	3	6	4	1	8	9	7	5
4	5	1	9	7	6	3	8	2
8	9	7	2	3	5	1	6	4

Answer 117

4	5	3	6	9	1	2	7	8
7	1	9	2	8	5	4	6	3
6	8	2	4	7	3	5	1	9
2	6	8	7	5	9	3	4	1
3	4	5	1	2	8	6	9	7
9	7	1	3	4	6	8	2	5
1	2	7	5	3	4	9	8	6
5	9	4	8	6	7	1	3	2
8	3	6	9	1	2	7	5	4

Answer 118

3	6	5	2	8	1	7	4	9
1	9	8	6	7	4	2	5	3
7	4	2	3	9	5	8	1	6
6	2	3	7	5	8	4	9	1
5	1	7	4	2	9	3	6	8
4	8	9	1	3	6	5	7	2
9	5	6	8	4	2	1	3	7
2	3	1	5	6	7	9	8	4
8	7	4	9	1	3	6	2	5

Answer 119

1	9	4	7	3	6	5	8	2
3	6	5	9	8	2	1	7	4
7	8	2	4	1	5	9	6	3
8	1	3	2	6	7	4	5	9
9	4	7	3	5	8	6	2	1
2	5	6	1	9	4	8	3	7
5	7	9	8	4	3	2	1	6
4	3	8	6	2	1	7	9	5
6	2	1	5	7	9	3	4	8

Answer 120

2	1	3	7	9	6	4	5	8
7	9	4	5	8	2	1	6	3
5	6	8	3	4	1	2	9	7
6	8	2	9	1	7	3	4	5
9	4	5	8	2	3	6	7	1
1	3	7	4	6	5	8	2	9
4	5	1	6	7	8	9	3	2
3	2	6	1	5	9	7	8	4
8	7	9	2	3	4	5	1	6

SPECIAL SUDOKU

ANSWER

Answer 121

6	2	4	3	5	9	7	1	8
7	3	8	2	4	1	6	5	9
1	9	5	6	8	7	4	2	3
2	1	7	8	3	5	9	6	4
3	5	9	4	7	6	1	8	2
8	4	6	1	9	2	5	3	7
4	6	1	9	2	8	3	7	5
9	7	2	5	1	3	8	4	6
5	8	3	7	6	4	2	9	1

Answer 122

7	4	9	6	2	1	5	8	3
1	8	6	4	5	3	2	9	7
2	3	5	7	9	8	4	6	1
8	5	7	1	3	2	9	4	6
9	6	1	5	4	7	8	3	2
4	2	3	9	8	6	1	7	5
5	1	4	3	6	9	7	2	8
6	7	2	8	1	4	3	5	9
3	9	8	2	7	5	6	1	4

Answer 123

1	9	7	8	4	5	3	6	2
8	2	6	9	3	7	5	1	4
3	4	5	2	1	6	8	9	7
4	5	2	6	8	3	9	7	1
9	8	1	7	2	4	6	3	5
7	6	3	5	9	1	4	2	8
5	3	4	1	7	9	2	8	6
6	7	8	3	5	2	1	4	9
2	1	9	4	6	8	7	5	3

Answer 124

2	5	3	7	4	1	6	8	9
8	4	7	2	6	9	3	1	5
6	1	9	8	5	3	7	4	2
1	3	8	4	7	2	5	9	6
7	9	5	3	8	6	4	2	1
4	2	6	1	9	5	8	3	7
3	7	1	5	2	4	9	6	8
9	8	2	6	3	7	1	5	4
5	6	4	9	1	8	2	7	3

Answer 125

5	7	2	1	6	3	9	8	4
9	6	4	7	2	8	3	1	5
1	3	8	4	9	5	7	2	6
3	4	6	8	7	9	2	5	1
7	1	5	6	3	2	4	9	8
8	2	9	5	4	1	6	3	7
2	5	7	3	8	4	1	6	9
4	8	3	9	1	6	5	7	2
6	9	1	2	5	7	8	4	3

Answer 126

3	6	9	4	7	8	2	5	1
8	1	5	6	3	2	7	4	9
2	4	7	1	5	9	3	8	6
5	2	6	3	1	4	9	7	8
9	3	4	7	8	5	6	1	2
7	8	1	9	2	6	4	3	5
1	9	2	8	4	7	5	6	3
6	7	8	5	9	3	1	2	4
4	5	3	2	6	1	8	9	7

POLSDK

ANSWER

Answer **127**

3	2	8	9	7	4	6	5	1
5	9	6	1	2	8	3	7	4
1	7	4	6	5	3	8	2	9
8	4	5	3	6	2	9	1	7
2	1	9	7	8	5	4	6	3
6	3	7	4	9	1	5	8	2
4	6	2	8	1	9	7	3	5
9	8	1	5	3	7	2	4	6
7	5	3	2	4	6	1	9	8

Answer **128**

6	2	7	9	1	3	8	4	5
1	4	9	7	8	5	6	3	2
3	5	8	6	4	2	1	9	7
5	8	4	2	6	1	3	7	9
9	6	3	4	5	7	2	8	1
2	7	1	3	9	8	5	6	4
8	3	5	1	7	4	9	2	6
4	1	6	8	2	9	7	5	3
7	9	2	5	3	6	4	1	8

Answer **129**

4	5	3	8	9	1	7	6	2
1	2	7	6	4	5	9	3	8
6	8	9	7	3	2	4	5	1
7	6	2	1	8	4	3	9	5
9	1	8	5	6	3	2	4	7
5	3	4	9	2	7	1	8	6
2	9	5	4	1	8	6	7	3
3	7	6	2	5	9	8	1	4
8	4	1	3	7	6	5	2	9

Answer **130**

6	8	1	7	3	9	4	2	5
2	5	7	4	1	8	9	6	3
3	9	4	6	5	2	7	1	8
9	1	3	8	2	7	6	5	4
7	6	5	1	9	4	8	3	2
8	4	2	3	6	5	1	9	7
4	2	9	5	7	1	3	8	6
1	3	8	2	4	6	5	7	9
5	7	6	9	8	3	2	4	1

Answer **131**

9	1	8	5	3	4	2	6	7
7	3	2	6	9	1	5	4	8
4	5	6	2	7	8	1	3	9
6	9	1	4	2	7	8	5	3
8	4	3	9	5	6	7	1	2
2	7	5	1	8	3	6	9	4
5	2	7	3	6	9	4	8	1
3	8	4	7	1	5	9	2	6
1	6	9	8	4	2	3	7	5

Answer **132**

6	9	5	4	7	3	1	8	2
1	4	2	9	6	8	7	3	5
7	8	3	1	2	5	9	6	4
2	7	9	6	8	4	5	1	3
5	6	8	3	1	9	2	4	7
4	3	1	2	5	7	6	9	8
3	1	7	8	9	2	4	5	6
8	5	6	7	4	1	3	2	9
9	2	4	5	3	6	8	7	1

POLSDK

ANSWER

Answer 133

5	2	8	1	3	9	7	4	6
6	7	4	2	5	8	3	1	9
3	9	1	6	4	7	5	2	8
2	4	5	9	8	3	6	7	1
7	1	3	4	2	6	9	8	5
8	6	9	7	1	5	4	3	2
1	3	2	5	9	4	8	6	7
4	5	7	8	6	1	2	9	3
9	8	6	3	7	2	1	5	4

Answer 134

3	4	9	8	7	6	1	2	5
7	2	6	5	9	1	8	3	4
8	5	1	2	3	4	7	9	6
4	8	2	6	5	3	9	1	7
6	1	7	9	8	2	4	5	3
9	3	5	1	4	7	2	6	8
2	6	3	4	1	8	5	7	9
1	9	8	7	6	5	3	4	2
5	7	4	3	2	9	6	8	1

Answer 135

2	3	1	7	8	4	6	9	5
7	8	5	1	6	9	2	3	4
9	6	4	5	2	3	7	1	8
4	7	8	2	3	1	5	6	9
6	2	9	8	5	7	3	4	1
1	5	3	9	4	6	8	7	2
3	1	2	4	7	5	9	8	6
5	4	6	3	9	8	1	2	7
8	9	7	6	1	2	4	5	3

Answer 136

1	4	8	3	9	5	7	2	6
9	7	3	6	4	2	5	1	8
6	2	5	8	1	7	9	3	4
2	9	4	5	7	6	1	8	3
8	3	1	4	2	9	6	7	5
5	6	7	1	8	3	2	4	9
7	5	9	2	3	4	8	6	1
3	8	2	9	6	1	4	5	7
4	1	6	7	5	8	3	9	2

Answer 137

7	5	2	8	9	6	1	4	3
6	8	3	4	1	7	2	5	9
4	9	1	5	3	2	7	8	6
1	6	9	3	7	4	8	2	5
5	3	7	2	8	1	9	6	4
2	4	8	9	6	5	3	7	1
8	2	5	1	4	3	6	9	7
9	1	6	7	5	8	4	3	2
3	7	4	6	2	9	5	1	8

Answer 138

5	1	4	2	9	6	3	7	8
3	7	9	1	8	5	6	4	2
6	8	2	4	3	7	5	9	1
4	5	6	9	2	3	1	8	7
1	9	8	5	7	4	2	6	3
7	2	3	8	6	1	4	5	9
2	3	7	6	5	8	9	1	4
8	4	5	3	1	9	7	2	6
9	6	1	7	4	2	8	3	5

SPECIAL SUDOKU
ANSWER

Answer 139

3	4	8	1	7	5	6	9	2
6	2	7	8	9	3	1	5	4
9	1	5	2	6	4	8	3	7
8	6	4	5	3	2	7	1	9
5	7	9	6	1	8	2	4	3
1	3	2	7	4	9	5	8	6
2	9	1	4	8	7	3	6	5
4	5	6	3	2	1	9	7	8
7	8	3	9	5	6	4	2	1

Answer 140

1	5	4	8	3	7	6	9	2
6	9	7	5	1	2	8	4	3
3	8	2	6	4	9	1	5	7
9	3	1	2	6	8	5	7	4
4	7	5	3	9	1	2	8	6
8	2	6	4	7	5	3	1	9
5	1	9	7	2	6	4	3	8
7	6	3	1	8	4	9	2	5
2	4	8	9	5	3	7	6	1

Answer 141

7	4	8	2	5	9	3	1	6
6	2	9	3	1	4	5	8	7
1	5	3	8	7	6	2	9	4
8	7	4	9	2	1	6	5	3
3	1	5	7	6	8	4	2	9
9	6	2	4	3	5	8	7	1
5	3	7	6	9	2	1	4	8
4	9	1	5	8	3	7	6	2
2	8	6	1	4	7	9	3	5

Answer 142

5	1	7	3	6	8	9	2	4
8	9	6	2	4	7	3	1	5
4	2	3	1	9	5	7	8	6
2	3	4	7	5	6	1	9	8
7	5	9	8	2	1	4	6	3
6	8	1	9	3	4	5	7	2
9	7	2	4	8	3	6	5	1
3	6	8	5	1	9	2	4	7
1	4	5	6	7	2	8	3	9

Answer 143

5	1	7	9	6	3	4	2	8
4	3	6	2	8	1	5	7	9
8	9	2	7	5	4	6	3	1
9	2	4	6	1	5	3	8	7
6	5	3	8	9	7	1	4	2
1	7	8	4	3	2	9	5	6
3	6	9	5	2	8	7	1	4
7	8	1	3	4	6	2	9	5
2	4	5	1	7	9	8	6	3

Answer 144

4	1	8	9	6	5	7	2	3
2	9	6	3	1	7	4	8	5
3	7	5	2	8	4	9	6	1
1	8	7	6	9	2	5	3	4
6	4	3	7	5	8	1	9	2
5	2	9	1	4	3	8	7	6
9	5	4	8	3	6	2	1	7
7	6	1	4	2	9	3	5	8
8	3	2	5	7	1	6	4	9

SPECIAL SUDOKU

ANSWER

Answer **145**

4	3	9	7	6	5	8	2	1
2	1	7	8	9	4	6	5	3
6	5	8	3	1	2	4	9	7
7	8	6	1	3	9	5	4	2
9	4	3	2	5	6	1	7	8
5	2	1	4	8	7	3	6	9
3	6	2	9	4	8	7	1	5
8	9	4	5	7	1	2	3	6
1	7	5	6	2	3	9	8	4

Answer **146**

9	8	5	4	7	2	3	6	1
3	4	1	6	8	5	2	7	9
2	6	7	3	1	9	4	5	8
8	7	4	2	6	3	9	1	5
5	1	2	8	9	4	6	3	7
6	3	9	7	5	1	8	2	4
7	9	8	5	3	6	1	4	2
1	2	3	9	4	7	5	8	6
4	5	6	1	2	8	7	9	3

Answer **147**

5	9	1	8	4	6	3	2	7
6	4	7	3	2	5	8	1	9
8	2	3	7	1	9	4	5	6
7	3	8	4	5	1	9	6	2
2	5	6	9	3	7	1	4	8
9	1	4	6	8	2	7	3	5
3	8	9	5	6	4	2	7	1
4	6	2	1	7	8	5	9	3
1	7	5	2	9	3	6	8	4

Answer **148**

4	3	1	9	5	2	6	8	7
2	8	6	1	7	4	3	5	9
7	5	9	3	8	6	4	2	1
9	6	8	4	2	5	7	1	3
5	4	3	8	1	7	9	6	2
1	7	2	6	3	9	5	4	8
3	2	5	7	6	1	8	9	4
8	1	4	5	9	3	2	7	6
6	9	7	2	4	8	1	3	5

Answer **149**

5	4	2	1	8	3	6	7	9
7	1	9	2	6	4	3	8	5
8	6	3	7	5	9	4	1	2
2	7	8	9	3	6	1	5	4
6	3	5	4	1	7	9	2	8
1	9	4	8	2	5	7	3	6
4	8	6	5	7	1	2	9	3
3	2	1	6	9	8	5	4	7
9	5	7	3	4	2	8	6	1

Answer **150**

2	9	7	6	1	5	4	8	3
8	1	6	9	4	3	2	7	5
5	4	3	7	8	2	1	6	9
9	7	1	5	2	6	3	4	8
3	8	5	4	9	1	7	2	6
6	2	4	8	3	7	5	9	1
4	6	2	1	5	8	9	3	7
1	3	8	2	7	9	6	5	4
7	5	9	3	6	4	8	1	2

SPECIAL SUDOKU

ANSWER

Answer 151

7	6	1	9	4	2	5	8	3
5	8	3	7	1	6	9	2	4
2	9	4	8	3	5	6	1	7
3	5	9	1	7	4	8	6	2
8	7	2	6	9	3	1	4	5
4	1	6	5	2	8	7	3	9
1	3	7	4	6	9	2	5	8
6	2	8	3	5	7	4	9	1
9	4	5	2	8	1	3	7	6

Answer 152

9	6	8	3	7	1	5	4	2
4	2	5	6	8	9	7	3	1
7	1	3	5	2	4	8	6	9
8	3	2	7	1	5	4	9	6
5	7	9	2	4	6	3	1	8
1	4	6	8	9	3	2	7	5
3	5	1	4	6	2	9	8	7
2	9	7	1	3	8	6	5	4
6	8	4	9	5	7	1	2	3

Answer 153

2	4	3	8	6	5	7	9	1
9	8	1	4	3	7	2	6	5
6	5	7	2	9	1	8	3	4
4	6	8	3	7	2	1	5	9
1	3	2	9	5	6	4	8	7
7	9	5	1	8	4	6	2	3
5	7	9	6	4	8	3	1	2
3	1	6	7	2	9	5	4	8
8	2	4	5	1	3	9	7	6

Answer 154

1	7	5	4	3	6	8	2	9
8	3	2	1	9	7	5	6	4
4	6	9	2	8	5	1	3	7
6	8	4	7	1	9	2	5	3
9	1	3	5	4	2	6	7	8
2	5	7	3	6	8	9	4	1
3	4	6	8	5	1	7	9	2
7	9	8	6	2	3	4	1	5
5	2	1	9	7	4	3	8	6

Answer 155

2	8	6	1	7	9	5	4	3
4	9	1	5	3	8	2	6	7
7	3	5	2	6	4	8	9	1
6	5	3	8	4	2	1	7	9
8	7	9	3	5	1	6	2	4
1	4	2	7	9	6	3	8	5
5	1	4	6	8	7	9	3	2
9	2	8	4	1	3	7	5	6
3	6	7	9	2	5	4	1	8

Answer 156

9	4	2	7	1	8	3	6	5
5	6	8	2	3	4	9	1	7
7	3	1	5	6	9	2	4	8
4	1	6	3	8	7	5	2	9
3	9	5	4	2	6	8	7	1
2	8	7	9	5	1	6	3	4
6	7	4	8	9	2	1	5	3
1	5	9	6	7	3	4	8	2
8	2	3	1	4	5	7	9	6

Answer **157**

7	6	1	9	2	3	8	4	5
2	3	8	7	4	5	9	6	1
4	9	5	6	1	8	2	7	3
3	1	7	2	9	6	4	5	8
6	4	9	5	8	7	1	3	2
5	8	2	1	3	4	6	9	7
8	5	3	4	6	2	7	1	9
1	2	6	3	7	9	5	8	4
9	7	4	8	5	1	3	2	6

Answer **158**

1	4	5	2	9	3	7	8	6
7	8	9	5	1	6	2	3	4
3	2	6	8	4	7	9	5	1
4	5	1	3	6	9	8	7	2
6	7	8	1	5	2	3	4	9
9	3	2	4	7	8	1	6	5
2	6	7	9	8	4	5	1	3
8	1	3	6	2	5	4	9	7
5	9	4	7	3	1	6	2	8

Answer **159**

8	3	5	6	7	4	9	2	1
7	1	6	2	9	3	8	4	5
4	9	2	8	5	1	3	6	7
1	4	8	9	3	5	2	7	6
3	6	9	4	2	7	5	1	8
5	2	7	1	8	6	4	9	3
9	8	3	7	1	2	6	5	4
2	7	4	5	6	8	1	3	9
6	5	1	3	4	9	7	8	2

Answer **160**

4	2	3	7	9	1	8	6	5
6	1	9	8	5	3	7	2	4
5	7	8	6	2	4	9	3	1
2	8	4	5	6	7	3	1	9
9	5	1	3	4	2	6	7	8
7	3	6	9	1	8	4	5	2
1	6	2	4	7	9	5	8	3
8	4	7	1	3	5	2	9	6
3	9	5	2	8	6	1	4	7

스페셜스도쿠〈초급〉

2019년 1월 25일 개정판 1쇄 발행
2023년 9월 18일 개정판 2쇄 인쇄
2023년 9월 22일 개정판 2쇄 발행

지은이 | 퍼즐아카데미 연구회 편
펴낸이 | 천상현
편집 | 뭉클
펴낸곳 | 매일출판사
등록번호 | 제2017-000136호
등록일자 | 2017년 12월 22일

주소 | 서울특별시 마포구 대흥로 4길 49, 1층(용강동, 월명빌딩)
전화 | (02) 2232-4008 **팩시밀리** | (02) 2232-4009
홈페이지 | http://www.changbook.co.kr
e-mail | changbook1@hanmail.net

ISBN 979-11-962761-7-1 13410
정가 8,000원